21世纪高职高专规划教材·计算机系列

AutoCAD 2019 建筑施工图绘制项目化教程

主 编 王 芳 朱莉宏
副主编 谢云飞 刘 萍

清华大学出版社
北京交通大学出版社
·北京·

内 容 简 介

本书主要讲述使用 AutoCAD 2019 软件绘制建筑图形的基本思路和具体方法。全书由浅入深、循序渐进，通过一系列实例，讲解利用 AutoCAD 绘制建筑图形必须掌握的基本知识。本书包含一套完整的建筑总平面图、建筑平面图、建筑立面图、建筑剖面图的绘制实例及建筑图形的打印输出实例。

全书共 8 个项目，项目 1 为 AutoCAD 2019 基本操作，项目 2 通过简单图形的绘制讲述 AutoCAD 二维绘图命令和二维修改命令的使用方法，项目 3 讲述建筑施工图中常用的图元和图块的绘制、文字和工程标注等知识，项目 4 至项目 7 详细讲述某办公楼建筑总平面图、建筑平面图、建筑立面图、建筑剖面图的绘制方法和技巧，项目 8 通过建筑平面图的打印实例讲述 AutoCAD 打印图形的方法。

本书努力体现快速而高效的学习方法，力争突出专业性、实用性和可操作性，非常适合于 AutoCAD 的初、中级读者阅读，是建筑行业人员和建筑专业学生学习 AutoCAD 制图不可多得的一本好书。

本书封面贴有清华大学出版社防伪标签，无标签者不得销售。
版权所有，侵权必究。侵权举报电话：010-62782989　13501256678　13801310933

图书在版编目（CIP）数据

AutoCAD 2019 建筑施工图绘制项目化教程 / 王芳，朱莉宏主编．—北京：北京交通大学出版社：清华大学出版社，2020.5
　ISBN 978-7-5121-4124-7

Ⅰ．① A… Ⅱ．① 王… ② 朱… Ⅲ．① 建筑制图-计算机辅助设计-AutoCAD 软件-教材 Ⅳ．① TU204-39

中国版本图书馆 CIP 数据核字（2019）第 297738 号

AutoCAD 2019 建筑施工图绘制项目化教程
AutoCAD 2019 JIANZHU SHIGONGTU HUIZHI XIANGMUHUA JIAOCHENG

责任编辑：	韩　乐　严慧明
出版发行：	清 华 大 学 出 版 社　邮编：100084　电话：010-62776969　http://www.tup.com.cn
	北京交通大学出版社　邮编：100044　电话：010-51686414　http://www.bjtup.com.cn
印 刷 者：	三河市华骏印务包装有限公司
经　　销：	全国新华书店
开　　本：	185 mm×260 mm　印张：11　字数：275 千字
版 印 次：	2020 年 5 月第 1 版　2020 年 5 月第 1 次印刷
印　　数：	1～3 000 册　定价：32.00 元

本书如有质量问题，请向北京交通大学出版社质监组反映。对您的意见和批评，我们表示欢迎和感谢。
投诉电话：010-51686043，51686008；传真：010-62225406；E-mail：press@bjtu.edu.cn。

前　言

AutoCAD 是美国 Autodesk 公司开发的通用计算机辅助设计软件，是建筑工程设计领域最流行的计算机辅助设计软件，具有功能强大、操作简单、易于掌握、体系结构开放等优点，使用它可极大地提高绘图效率、缩短设计周期、提高图纸的质量。熟练使用 AutoCAD 绘图已成为建筑设计人员必备的职业技能。

AutoCAD 2019 中文版是 AutoCAD 的最新版本，它贯彻了 Autodesk 公司用户至上的思想，与以前的版本相比，在性能和功能两方面都有较大的增强和改进。

利用 AutoCAD 绘制建筑图，不仅需要掌握 AutoCAD 绘图知识，还必须掌握建筑制图的要求，因此快速而高效的学习方法就是在用中学。本书在编写过程中，力争体现这种思想，突出专业性、实用性和可操作性，通过各种建筑图实例的详细讲解，不但使读者掌握 AutoCAD 的基本命令，同时也掌握利用 AutoCAD 绘制建筑图的基本过程和方法。读者在阅读本书时，只要按照书中的实例一步一步做下去，就可以在较短的时间内，快速掌握利用 AutoCAD 绘制建筑图的技能。

本书各项目的主要内容如下。

项目 1　AutoCAD 2019 基本操作，包括 AutoCAD 2019 的启动与退出方法、界面简介、AutoCAD 文件的新建、打开和保存的方法、数据的输入方法、绘图界限和单位的设置、图层的设置、视图的显示控制、选择对象的方法和对象捕捉工具的使用方法。

项目 2　通过实例，讲解各种二维基本绘图命令和二维图形修改命令的使用方法和技巧。如绘制衣柜立面图、燃气灶平面图、浴房平面图、桌椅平面图等。

项目 3　通过实例，讲解建筑施工图中常用的图元和图块的绘制方法和技巧。如绘制指北针、门平面图、标注项目概况说明、制作建筑样板图等。

项目 4　以某办公楼的建筑总平面图为例，详细讲解建筑总平面图的绘制方法。

项目 5　以某办公楼的建筑平面图为例，详细讲解建筑平面图的绘制方法。

项目 6　以某办公楼的建筑立面图为例，详细讲解建筑立面图的绘制方法。

项目 7　以某办公楼的建筑剖面图为例，详细讲解建筑剖面图的绘制方法。

项目 8　以某办公楼的建筑平面图打印输出为例，详细讲解 AutoCAD 打印建筑图形的方法。

本书各项目安排合理，知识讲解循序渐进，在内容组织上注重实用性，突出可操作性，知识讲解深入浅出，具有较宽的专业适应面。本书每个实例后都有实例小结，每个项目后均附有思考题与习题，这既便于教学，也有利于自学，既适合于有关院校建筑类专业的师生，也可作为从事建筑行业设计人员自学 AutoCAD 的参考书。

本书由王芳和朱莉宏任主编，谢云飞和刘萍任副主编。各项目编写分工为：辽宁建筑职业学院王芳编写项目 8，朱莉宏编写项目 3，刘萍编写项目 1 和项目 2，张玉莹编写项目 4，杨帆编写项目 7，南通航运职业技术学院谢云飞编写项目 5 和项目 6。

在本书编写的过程中，得到了所在院校和出版社领导的鼓励和支持，编者表示深切的谢意。本书编写中参阅了大量的文献，在参考文献中一并列出。

由于编者水平有限，时间仓促，书中缺点和错误在所难免，敬请同行和读者批评指正，以便再版时修订。

编者
2020 年 1 月

目 录

项目 1　AutoCAD 2019 基本操作 ··· 1
　任务 1.1　AutoCAD 2019 的启动与退出 ··· 1
　　任务 1.1.1　AutoCAD 2019 的启动 ·· 1
　　任务 1.1.2　AutoCAD 2019 的退出 ·· 1
　任务 1.2　AutoCAD 2019 的界面简介 ·· 2
　任务 1.3　图形文件的管理 ·· 4
　　任务 1.3.1　新建文件 ·· 4
　　任务 1.3.2　打开文件 ·· 5
　　任务 1.3.3　存储文件 ·· 6
　　任务 1.3.4　另存文件 ·· 6
　任务 1.4　数据的输入方法 ·· 7
　任务 1.5　绘图界限和单位设置 ··· 7
　任务 1.6　图层设置 ··· 8
　任务 1.7　视图显示控制 ··· 11
　任务 1.8　选择对象 ··· 12
　任务 1.9　对象捕捉工具 ··· 13
　思考与练习 ··· 14

项目 2　绘制简单图形 ·· 16
　任务 2.1　绘制衣柜立面图 ·· 16
　任务 2.2　绘制燃气灶平面图 ··· 20
　任务 2.3　绘制浴房平面图 ·· 24
　任务 2.4　绘制桌椅平面图 ·· 27
　任务 2.5　绘制地板拼花图案 ··· 31
　任务 2.6　绘制沙发平面图 ·· 36
　思考与练习 ··· 42

项目 3　绘制建筑图元 ·· 44
　任务 3.1　绘制指北针 ·· 44
　任务 3.2　绘制门平面图 ··· 47
　任务 3.3　项目概况说明标注实例 ·· 50
　任务 3.4　工程标注实例 ··· 51

I

任务 3.4.1　标注菜单和标注面板 ··· 52
　　　任务 3.4.2　创建"建筑"标注样式 ·· 53
　　　任务 3.4.3　常用标注命令及功能 ··· 55
　任务 3.5　绘制建筑样板图 ··· 59
　　　任务 3.5.1　建筑相关知识 ·· 60
　　　任务 3.5.2　绘制建筑样板图 ··· 61
　思考与练习 ·· 64

项目 4　绘制建筑总平面图 ·· 67
　任务 4.1　设置绘图环境 ·· 68
　任务 4.2　绘制原有建筑 ·· 69
　任务 4.3　绘制新建建筑 ·· 71
　任务 4.4　绘制草坪 ·· 72
　任务 4.5　标注标高和文字 ··· 73
　任务 4.6　标注尺寸 ·· 75
　任务 4.7　绘制风向频率玫瑰图、图名和比例 ··· 77
　思考与练习 ·· 79

项目 5　绘制建筑平面图 ··· 80
　任务 5.1　设置绘图环境 ·· 81
　任务 5.2　绘制轴线 ·· 83
　任务 5.3　绘制墙体 ·· 88
　任务 5.4　绘制门、窗 ··· 98
　任务 5.5　绘制柱子 ··· 103
　任务 5.6　绘制雨篷、卫生间隔墙 ··· 105
　任务 5.7　标注文本 ··· 106
　任务 5.8　绘制楼梯 ··· 109
　任务 5.9　标注尺寸 ··· 114
　思考与练习 ··· 117

项目 6　绘制建筑立面图 ·· 118
　任务 6.1　设置绘图环境 ··· 118
　任务 6.2　绘制轴线 ··· 120
　任务 6.3　绘制地坪线和轮廓线 ·· 122
　任务 6.4　绘制窗 ·· 123
　任务 6.5　绘制门 ·· 127
　　　任务 6.5.1　绘制 M-2 ··· 127
　　　任务 6.5.2　绘制 M-7 ··· 131

任务 6.6　绘制散水和勒角 ··· 131
　　任务 6.7　标注室外装修做法 ··· 132
　　任务 6.8　标注标高、尺寸和图名 ··· 133
　　思考与练习 ··· 135

项目 7　绘制建筑剖面图 ··· 137
　　任务 7.1　设置绘图环境 ··· 138
　　任务 7.2　绘制轴线 ··· 139
　　任务 7.3　绘制墙体、楼地面和框架梁 ··· 142
　　任务 7.4　绘制门窗 ··· 146
　　任务 7.5　绘制屋顶结构 ··· 148
　　任务 7.6　绘制室外台阶、雨篷 ··· 149
　　任务 7.7　标注尺寸、标高和图名 ··· 152
　　思考与练习 ··· 154

项目 8　打印输出实例 ··· 156
　　任务 8.1　绘制图框线和标题栏 ··· 156
　　任务 8.2　打印二层平面图 ··· 159
　　思考与练习 ··· 165

参考文献 ··· 167

项目 1　AutoCAD 2019 基本操作

AutoCAD 是美国 Autodesk 公司开发的计算机辅助绘图软件，自 1982 年 AutoCAD V1.0 问世以来，先后经过多次升级，已发展为现在的 AutoCAD 2019 版本。AutoCAD 2019 集平面作图、三维造型、数据库管理、渲染着色、互联网等功能于一体，具有高效、快捷、精确、简单、易用等特点，是工程设计人员首选的绘图软件之一。主要应用于建筑制图、机械制图、园林设计、城市规划、电子、冶金和服装设计等诸多领域。

本项目将介绍 AutoCAD 2019 启动与退出的方法，界面的各个组成部分及其功能，图形文件的管理，数据的输入方法，图形的界限、单位、图层的设置，视图的显示控制及选择对象的方法等。

任务 1.1　AutoCAD 2019 的启动与退出

任务 1.1.1　AutoCAD 2019 的启动

启动 AutoCAD 2019 有很多种方法，这里只介绍常用的 3 种方法。

1．通过桌面快捷方式

最简单的方法是直接用鼠标双击桌面上的 AutoCAD 2019 快捷方式图标，即可启动 AutoCAD 2019，进入 AutoCAD 2019 工作界面。

2．通过【开始】菜单

从任务栏中，选择【开始】菜单，然后单击【所有程序】|【Autodesk】|【AutoCAD 2019－简体中文（Simplified Chinese）】中的 AutoCAD 2019 的可执行文件，即可以启动 AutoCAD 2019。

3．通过文件目录启动 AutoCAD 2019

双击桌面上的【这台电脑】快捷方式，打开【这台电脑】对话框，通过 AutoCAD 2019 的安装路径，找到 AutoCAD 2019 的可执行文件，即可以打开 AutoCAD 2019。

任务 1.1.2　AutoCAD 2019 的退出

退出 AutoCAD 2019 操作系统有很多种方法，下面介绍常用的几种。

（1）单击 AutoCAD 2019 界面右上角的 ✕ 按钮，退出 AutoCAD 系统。

（2）单击 AutoCAD 2019 界面左上角的 按钮，选择【退出 Autodesk AutoCAD 2019】按钮，退出 AutoCAD 系统。

（3）按键盘上的 Alt+F4 组合键，退出 AutoCAD 系统。

图 1-1 系统警告对话框

（4）在命令行中输入 QUIT 或 EXIT 命令，按回车键。

注意：如果图形修改后尚未保存，则退出之前会出现图 1-1 所示的系统警告对话框。单击【是】按钮，系统将保存文件后退出；单击【否】按钮，系统将不保存文件；单击【取消】按钮，系统将取消执行的命令，返回到原 AutoCAD 2019 工作界面。

任务 1.2　AutoCAD 2019 的界面简介

在启动 AutoCAD 2019 操作系统后，就进入如图 1-2 所示的工作界面，此界面包括快速访问工具栏、下拉菜单栏、选项卡及面板栏、绘图区、命令行和状态栏等部分。

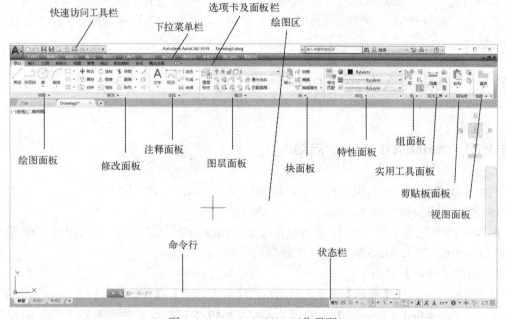

图 1-2　AutoCAD 2019 工作界面

1．快速访问工具栏

快速访问工具栏位于 AutoCAD 2019 工作界面的最顶端，用于显示常用工具，包括"新建""打开""保存""另存为""打印""放弃""重做"等按钮。可以向快速访问工具栏添加无限多的工具，超出工具栏最大长度范围的工具会以弹出按钮显示。

2．下拉菜单栏

如果界面没有下拉菜单栏，可以单击快速访问工具栏右侧的 ▼ 按钮，选择【显示菜单栏】命令，调出下拉菜单栏。

下拉菜单栏包括文件、编辑、视图、插入、格式、工具、绘图、标注、修改、参数、窗口和帮助等 12 个主菜单项，每个主菜单下又包括子菜单。在展开的子菜单中存在一些带有"…"省略符号的菜单命令，表示如果选择该命令，将弹出一个相应的对话框；有的菜单命令右端有一个箭头，表示选择菜单命令能够打开级联菜单；菜单项右边有"Ctrl+?"组合键，表示键盘快捷键,可以直接按下键盘快捷键执行相应的命令,比如同时按下 Ctrl+N 键能够弹出【选择样板】对话框。

3.选项卡栏

AutoCAD 2019 的界面中有默认、插入、注释、参数化、视图、管理、输出、附加模块、协作和精选应用选项卡,每一个选项卡包含一些常用的面板,用户可以通过面板方便地选择相应的命令进行操作。

4.绘图区

位于屏幕中间的整个白色区域是 AutoCAD 2019 的绘图区,也称为工作区域。默认设置下的工作区域是一个无限大的区域,可以按照图形的实际尺寸在绘图区内绘制各种图形。

绘图区可以变成其他的颜色,方法如下。

(1)单击下拉菜单栏中的【工具】|【选项】命令,弹出【选项】对话框,选择【显示】选项卡,如图 1-3 所示。

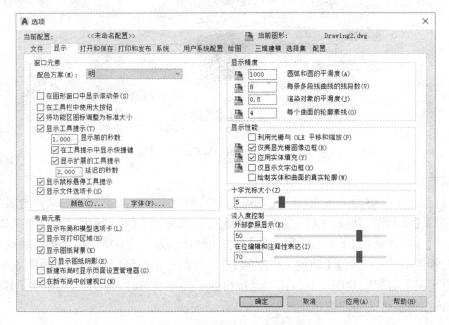

图 1-3 【选项】对话框

(2)单击【显示】选项卡中【窗口元素】组合框中的【颜色】按钮,弹出【图形窗口颜色】对话框,如图 1-4 所示。

(3)在【界面元素】下拉列表中选择要改变的界面元素,可改变任意界面元素的颜色,默认为【统一背景】。

(4)单击【颜色】下拉列表框,在展开的列表中选择【黑色】。

(5)单击【应用并关闭】按钮,返回【选项】对话框。

(6)单击【确定】按钮,将绘图窗口的颜色改为黑色。

5.命令行

命令行是输入命令名和显示命令提示的区域,默认的命令行布置在绘图区下方。AutoCAD 通过命令行反馈各种信息,如输入命令后的提示信息,包括错误信息、命令选项及其提示信息等。因此，应时刻关注在命令行中出现的信息。

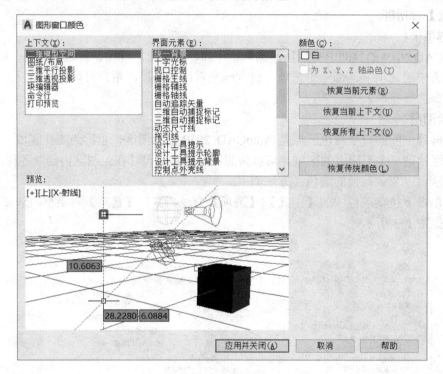

图 1-4 【图形窗口颜色】对话框

6．状态栏

状态栏位于工作界面的最底部，左端可设置模型空间和布局空间，右端依次显示【模型或图纸空间】【显示图形栅格】【捕捉模式】【正交限制光标】【极轴追踪】【等轴测草图】【对象捕捉追踪】【对象捕捉】【显示注释对象】【在注释比例发生变化时，将比例添加到注释性对象】【当前视图的注释比例】【切换工作空间】【注释监视器】【隔离对象】【硬件加速】【全屏显示】【自定义】等辅助绘图工具按钮。当按钮处于亮显状态时，表示该按钮处于打开状态，再次单击该按钮，可关闭该按钮。

任务 1.3　图形文件的管理

任务 1.3.1　新建文件

创建新的图形文件有以下几种方法。

（1）单击下拉菜单栏中的【文件】|【新建】命令。

（2）单击快速访问工具栏中的新建命令按钮 。

（3）在命令行中输入 NEW 并回车。

执行该命令后，将弹出如图 1-5 所示的【选择样板】对话框。选择默认的样板文件"acadiso.dwt"，单击【打开】按钮，将新建一个空白的文件。

项目 1　AutoCAD 2019 基本操作

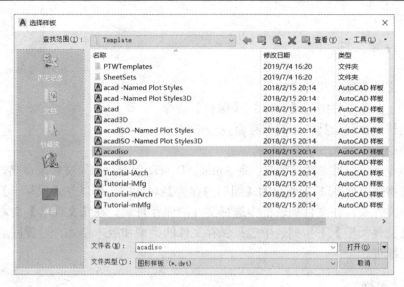

图 1-5　【选择样板】对话框

任务 1.3.2　打开文件

打开已有图形文件有以下几种方法。
（1）单击下拉菜单栏中的【文件】|【打开】命令。
（2）单击快速访问工具栏中的打开命令按钮。
（3）在命令行中输入 OPEN 并回车。

执行该命令后，将弹出如图 1-6 所示的【选择文件】对话框。如果在文件列表中同时选择多个文件，单击【打开】按钮，可以同时打开多个图形文件。

图 1-6　【选择文件】对话框

任务 1.3.3 存储文件

保存图形文件有以下几种方法。
(1) 单击下拉菜单栏中的【文件】|【保存】命令。
(2) 单击快速访问工具栏中的保存命令按钮 。
(3) 在命令行中输入 SAVE 并回车。

执行该命令后,如果文件已命名,则 AutoCAD 自动保存;如果文件未命名,是第一次进行保存,系统将弹出如图 1-7 所示的【图形另存为】对话框。可以在【保存于】下拉列表框中选择盘符和文件夹,在文件列表框中选择文件的保存目录,在【文件名】文本框中输入文件名,并从【文件类型】下拉列表中选择保存文件的类型和版本格式,设置好后,单击【保存】命令按钮即可。

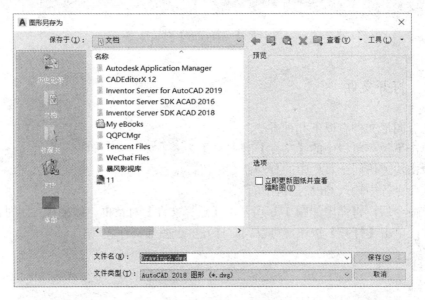

图 1-7 【图形另存为】对话框

任务 1.3.4 另存文件

另存图形文件有以下几种方法。
(1) 单击下拉菜单栏中的【文件】|【另存为】命令。
(2) 单击快速访问工具栏中的另存为命令按钮 。
(3) 在命令行中输入 SAVEAS 并回车。

执行该命令后,将弹出如图 1-7 所示的【图形另存为】对话框。可以在【保存于】下拉列表框中选择盘符和文件夹,在文件列表框中选择文件的保存目录,在【文件名】文本框中输入文件名,并从【文件类型】下拉列表中选择保存文件的类型和版本格式,设置好后,单击【保存】命令按钮即可。该命令可以将图形文件重新命名。

任务 1.4 数据的输入方法

1. 点的输入

AutoCAD 提供了很多点的输入方法，下面介绍常用的几种。

（1）移动鼠标使十字光标在绘图区之内移动，到合适位置时单击鼠标左键在屏幕上直接取点。

（2）用目标捕捉方式捕捉屏幕上已有图形的特殊点，如端点、中点、圆心、交点、切点、垂足等。

（3）用光标拖拉出橡筋线确定方向，然后用键盘输入距离。

（4）用键盘直接输入点的坐标。

点的坐标通常有两种表示方法：直角坐标和极坐标。

- 直角坐标有两种输入方式：绝对直角坐标和相对直角坐标。绝对直角坐标以原点为参考点，表达方式为（X，Y）。相对直角坐标是相对于某一特定点而言的，表达方式为（@X，Y），表示该坐标值是相对于前一点而言的相对坐标。
- 极坐标也有两种输入方式：绝对极坐标和相对极坐标。绝对极坐标是以原点为极点，输入一个距离值和一个角度值即可指明绝对极坐标。它的表达方式为（L<角度），其中 L 代表输入点到原点的距离。相对极坐标是以通过相对于某一特定点的极长距离和偏移角度来表示的，表达方式为（@L<角度），其中@表示相对于，L 表示极长。

2. 距离的输入

在绘图过程中，有时需要提供长度、宽度、高度和半径等距离值。AutoCAD 提供了两种输入距离值的方式：一种方法是在命令行中直接输入距离值；另一种方法是在屏幕上拾取两点，以两点的距离确定所需的距离值。

任务 1.5 绘图界限和单位设置

1. 设置绘图界限

在 AutoCAD 2019 中绘图，一般按照 1∶1 的比例绘制。绘图界限可以控制绘图的范围，相当于手工绘图时图纸的大小。设置图形界限还可以控制栅格点的显示范围，栅格点在设置的图形界限范围内显示。

下面以 A3 图纸为例，假设出图比例为 1∶100，绘图比例为 1∶1，设置绘图界限的操作步骤如下：

单击下拉菜单栏中的【格式】|【图形界限】命令，或者在命令行输入 LIMITS 并回车，命令行提示如下：

命令: '_limits
重新设置模型空间界限:
指定左下角点或 [开(ON)/关(OFF)] <0.0000,0.0000>:
                              //回车，设置左下角点为系统默认的原点位置
指定右上角点 <420.0000,297.0000>: 42000,29700   //输入"42000,29700"并回车

命令: z   //输入缩放命令快捷键 Z 并回车
ZOOM
指定窗口的角点，输入比例因子 (nX 或 nXP)，或者
[全部(A)/中心(C)/动态(D)/范围(E)/上一个(P)/比例(S)/窗口(W)/对象(O)] <实时>: a
正在重生成模型。   //输入 a 并回车选择"全部"选项

注意：提示中的"[开(ON)/关(OFF)]"选项的功能是控制是否打开图形界限检查。选择"ON"时，系统打开图形界限的检查功能，只能在设定的图形界限内画图，系统拒绝输入图形界限外部的点。系统默认设置为"OFF"，此时关闭图形界限的检查功能，允许输入图形界限外部的点。

2. 设置绘图单位

在绘图时应先设置图形的单位，即图上一个单位所代表的实际距离，设置方法如下。

单击下拉菜单栏中的【格式】|【单位】命令，或者在命令行输入 UNITS 或 UN 并回车，弹出【图形单位】对话框，如图 1-8 所示。

1）设置长度单位及精度

在【长度】选项区域中，可以从【类型】下拉列表框提供的 5 个选项中选择一种长度单位，还可以根据绘图的需要从【精度】下拉列表框中选择一种合适的精度。

2）设置角度的类型、方向及精度

在【角度】选项区域中，可以在【类型】下拉列表框中选择一种合适的角度单位，并根据绘图的需要在【精度】下拉列表框中选择一种合适的精度。【顺时针】复选框用来确定角度的正方向，当该复选框没有选中时，系统默认角度的正方向为逆时针；当该复选框选中时，表示以顺时针方向作为角度的正方向。

单击【方向】按钮，将弹出【方向控制】对话框，如图 1-9 所示。该对话框用来设置角度的 0 度方向，默认以正东的方向为 0 度角。

图 1-8 【图形单位】对话框

图 1-9 【方向控制】对话框

任务 1.6 图层设置

图层是 AutoCAD 用来组织图形的重要工具之一，用来分类组织不同的图形信息。

AutoCAD 的图层可以被想象为一张透明的图纸，每一图层绘制一类图形，所有的图纸层叠在一起，就组成了一个 AutoCAD 的完整图形。

1. 图层的特点

（1）每个图层对应一个图层名。其中系统默认设置的图层是"0"层，该图层不能被删除。其余图层可以单击新建图层按钮 建立，数量不限。

（2）各图层具有相同的坐标系，每一图层对应一种颜色、一种线型。

（3）当前图层只有一层，且只能在当前图层绘制图形。

（4）图层具有打开、关闭、冻结、解冻、锁定和解锁等特征。

2. 【图层特性管理器】对话框

1）打开【图层特性管理器】对话框

打开【图层特性管理器】对话框有如下 3 种方法。

（1）单击【图层】面板中的图层特性按钮 ，弹出【图层特性管理器】对话框，如图 1-10 所示。

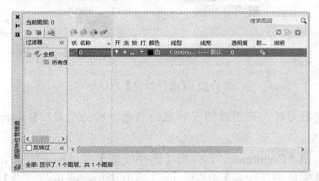

图 1-10 【图层特性管理器】对话框

（2）单击下拉菜单栏中的【格式】|【图层】命令，可打开【图层特性管理器】对话框。

（3）在命令行中直接输入图层命令 LAYER 或 LA 并回车，也可打开【图层特性管理器】对话框。

2）打开/关闭按钮

系统默认该按钮处于打开状态，此时该图层上的图形可见。单击一下 按钮，将变成关闭状态 ，此时该图层上的图形不可见，且不能被打印或由绘图仪输出。但重生成图形时，图层上的实体仍将重新生成。

3）冻结/解冻按钮

该按钮也用于控制图层是否可见。当图层被冻结时，该层上的实体不可见且不能被输出，也不能进行重生成、消隐和渲染等操作，可明显提高许多操作的处理速度；而解冻的图层是可见的，可进行上述操作。

4）锁定/解锁按钮

控制该图层上的实体是否可被修改。锁定图层上的实体不能进行删除、复制等修改操作，但仍可见，可以在该图层上绘制新的图形。

5）设置图层颜色

单击颜色图标按钮，如图 1-11 所示，可弹出【选择颜色】对话框，如图 1-12 所示。可以从中选择一种颜色作为图层的颜色。

图 1-11 修改图层颜色

图 1-12 【选择颜色】对话框

注意：一般创建图形时，采用该图层对应的颜色，称为随层"Bylayer"颜色方式。

6）设置图层线型

单击线型图标按钮"Continuous"，弹出【选择线型】对话框，如图 1-13 所示。如需加载其他类型的线型，只需单击【加载】按钮，即可弹出【加载或重载线型】对话框，如图 1-14 所示，从中可以选择各种需要的线型。

图 1-13 【选择线型】对话框   图 1-14 【加载或重载线型】对话框

注意：一般创建图形时，采用该图层对应的线型，称为随层"Bylayer"线型方式。

7）设置图层线宽

单击线宽图标按钮，弹出【线宽】对话框，从中可以选择该图层合适的线宽，如图 1-15 所示。

注意：单击下拉菜单栏中的【格式】|【线宽】命令，可弹出【线宽设置】对话框，如图 1-16 所示。默认线宽为 0.25 mm，可以进行修改。

项目 1　AutoCAD 2019 基本操作

图 1-15 【线宽】对话框

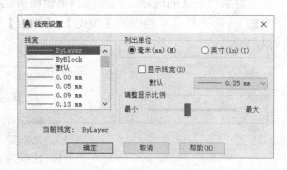

图 1-16 【线宽设置】对话框

任务 1.7　视图显示控制

在绘图时，为了能够更好地观看局部或全部图形，需要经常使用视图的缩放和平移等操作工具。

1．视图的缩放

有两种输入命令的方式。

（1）在命令行中输入 ZOOM 或 Z 并回车，命令行提示如下：

命令: ZOOM
指定窗口的角点，输入比例因子 (nX 或 nXP)，或者
[全部(A)/中心(C)/动态(D)/范围(E)/上一个(P)/比例(S)/窗口(W)/对象(O)] <实时>:

各选项的功能如下。
- 全部（A）　选择该选项后，显示窗口将在屏幕中间缩放显示整个图形界限的范围。如果当前图形的范围尺寸大于图形界限，将最大范围地显示全部图形。
- 中心（C）　此项选择将按照输入的显示中心坐标，来确定显示窗口在整个图形范围中的位置，而显示区范围的大小，则由指定窗口高度来确定。
- 动态（D）　该选项为动态缩放，通过构造一个视图框支持平移视图和缩放视图。
- 范围（E）　选择该选项可以将所有已编辑的图形尽可能大地显示在窗口内。
- 上一个（P）　选择该选项将返回前一视图。当编辑图形时，经常需要对某一小区域进行放大，以便精确设计，完成后返回原来的视图，不一定是全图。
- 比例（S）　该选项按比例缩放视图。比如：在"输入比例因子 (nX 或 nXP):"提示下，如果输入 0.5x，表示将屏幕上的图形缩小为当前尺寸的一半；如果输入 2x，表示使图形放大为当前尺寸的二倍。
- 窗口（W）　该选项用于尽可能大地显示由两个角点所定义的矩形窗口区域内的图像。此选项为系统默认的选项，可以在输入 ZOOM 命令后，不选择"W"选项，而直接

用鼠标在绘图区内指定窗口以局部放大。
- 对象（O） 该选项可以尽可能大地在窗口内显示选择的对象。
- 实时 选择该选项后，在屏幕内上下拖动鼠标，可以连续地放大或缩小图形。此选项为系统默认的选项，直接按回车键即可选择该选项。

（2）选择下拉菜单栏中的【视图】|【缩放】子菜单，打开其级联菜单，如图 1-17 所示，各按钮功能同上。

图 1-17 缩放下拉菜单栏

2．视图的平移

有两种输入命令的方式。

（1）在命令行中键入 PAN 或 P 并回车，此时，光标变成手形光标，按住鼠标左键在绘图区内上下左右移动鼠标，即可实现图形的平移。

（2）单击下拉菜单栏中的【视图】|【平移】|【实时】命令，也可输入平移命令。

注意：各种视图的缩放和平移命令在执行过程中均可以按 Esc 键提前结束。

任务 1.8　选择对象

1．执行编辑命令

执行编辑命令有两种方法。

（1）先输入编辑命令，在"选择对象"提示下，再选择合适的对象。

（2）先选择对象，所有选择的对象以夹点状态显示，再输入编辑命令。

2．构造选择集

在选择对象过程中，选中的对象呈虚线亮显状态，选择对象的方法如下。

（1）使用拾取框选择对象。例如：要选择圆形，在圆形的边线上单击鼠标左键即可。

（2）指定矩形选择区域。在"选择对象"提示下，单击鼠标左键拾取两点作为矩形的两个对角点，如果第二个角点位于第一个角点的右边，窗口以实线显示，叫作"W 窗口"，此时，完全包含在窗口之内的对象被选中；如果第二个角点位于第一个角点的左边，窗口以虚线显示，叫作"C 窗口"，此时完全包含于窗口之内的对象以及与窗口边界相交的所有对象均被选中。

（3）F（Fence）：栏选方式，即可以画多条直线，直线之间可以与自身相交，凡与直线相交的对象均被选中。

（4）P（Previous）：前次选择集方式，可以选择上一次选择集。

（5）R（Remove）：删除方式，用于把选择集由加入方式转换为删除方式，可以删除误选到选择集中的对象。

（6）A（Add）：添加方式，把选择集由删除方式转换为加入方式。

（7）U（Undo）：放弃前一次选择操作。

任务 1.9　对象捕捉工具

在绘制图形时，可以使用直角坐标和极坐标精确地定位点，但是对于所需要找到的如端点、交点、中心点等的坐标是未知的，要想精确地找到这些点是很难的。AutoCAD 2019 提供的精确定位工具，可以很容易在屏幕上捕捉到这些点，从而精确、快速地绘图。

对象捕捉是一种特殊点的输入方法，该操作不能单独进行，只有在执行某个命令需要指定点时才能调用。在 AutoCAD 2019 中，系统提供的对象捕捉类型见表 1-1。

表 1-1　AutoCAD 对象捕捉方式

捕捉类型	表示方式	命令方式
端点捕捉	□	END
中点捕捉	△	MID
圆心捕捉	○	CEN
几何中心	○	GCEN
节点捕捉	⊠	NOD
象限点捕捉	◇	QUA
交点捕捉	×	INT
延长线捕捉	---	EXT
插入点捕捉	⌐	INS
垂足捕捉	⊥	PER
切点捕捉	○	TAN
最近点捕捉	⊠	NEA
外观交点捕捉	⊠	APPINT
平行捕捉	∥	PAR

启用对象捕捉方式的常用方法如下。

（1）在命令行中直接输入所需对象捕捉命令的英文缩写。

（2）在状态栏上右键单击对象捕捉按钮，打开快捷菜单进行选择，如图1-18所示。

（3）在绘图区中按住 Shift 键再单击鼠标右键，从弹出的快捷菜单中选择相应的捕捉方式，如图1-19所示。

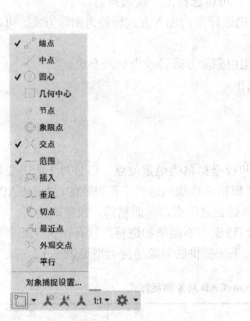

图1-18　状态栏对象捕捉按钮快捷菜单　　　　图1-19　对象捕捉快捷菜单

以上自动捕捉设置方式可同时设置一种以上捕捉模式，当不止一种模式启用时，AutoCAD 会根据其对象类型来选用模式。如在捕捉框中不止一个对象，且它们相交，则"交点"模式优先。圆心、交点、端点模式是绘图中最有用的组合，该组合可找到用户所需的大多数捕捉点。

【项目小结】

本项目概要介绍了 AutoCAD 2019 的启动和退出的方法，详细讲解了 AutoCAD 2019 界面的各个组成部分及其功能，包括新建、打开、存储文件和另存文件的方法，阐述了数据的几种输入方式。本项目还介绍了绘图的界限、单位、图层的设置方法，视图的显示控制、选择对象的方法，对象捕捉的使用方法，本项目的内容可使初学者很好地认识 AutoCAD 的基本功能，快速掌握其操作方法，对于快速绘图也起到一定的铺垫作用。

思考与练习

1. 思考题

（1）如何启动和退出 AutoCAD 2019？

（2）AutoCAD 2019 的界面由哪几部分组成？

（3）如何保存 AutoCAD 文件？
（4）绘图界限有什么作用？如何设置绘图界限？
（5）常用的构造选择集操作有哪些？

2. 连线题

将下列左侧的命令与右侧的功能连接起来。

SAVE　　　　　　　　　　　　打开
OPEN　　　　　　　　　　　　新建
NEW　　　　　　　　　　　　保存
LAYER　　　　　　　　　　　缩放
LIMITS　　　　　　　　　　　图层
UNITS　　　　　　　　　　　绘图界限
PAN　　　　　　　　　　　　平移
ZOOM　　　　　　　　　　　绘图单位

3. 选择题

（1）以下 AutoCAD 2019 的退出方式中，正确的是（　　）。
　　A. 单击 AutoCAD 2019 界面右上角的 ✕ 按钮，退出 AutoCAD 系统
　　B. 单击下拉菜单栏中的【文件】|【退出】命令，退出 AutoCAD 系统
　　C. 按键盘上的 Alt+F4 组合键，退出 AutoCAD 系统
　　D. 在命令行中键入 QUIT 或 EXIT 命令按回车键

（2）设置图形单位的命令是（　　）。
　　A. SAVE　　　　　　　　　　B. LIMITS
　　C. UNITS　　　　　　　　　 D. LAYER

（3）在 ZOOM 命令中，E 选项的含义是（　　）。
　　A. 拖动鼠标连续地放大或缩小图形
　　B. 尽可能大地在窗口内显示已编辑图形
　　C. 通过两点指定一个矩形窗口放大图形
　　D. 返回前一次视图

（4）处于（　　）中的图形对象不能被删除。
　　A. 锁定的图层　　　　　　　　B. 冻结的图层
　　C. 0 图层　　　　　　　　　　D. 当前图层

（5）坐标值 @200,100 属于（　　）表示方法。
　　A. 绝对直角坐标　　　　　　　B. 相对直角坐标
　　C. 绝对极坐标　　　　　　　　D. 相对极坐标

项目 2 绘制简单图形

任何复杂的图形都是由直线、圆、圆弧等基本的二维图形组合而成的,这些基本的二维图形形状简单,容易创建,掌握它们的绘制方法是学习 AutoCAD 的基础。运用二维基本绘图命令绘制出基本图形后,需要运用二维图形编辑命令对其进行移动、旋转、复制、修剪等编辑操作,这样可以保证作图准确度、减少重复操作、提高绘图效率。本项目将通过实例详细讲解二维基本绘图命令和二维图形编辑命令的使用方法和技巧。

任务 2.1 绘制衣柜立面图

以衣柜立面图为例,讲解直线命令、矩形命令和复制命令的使用方法,绘制结果如图 2-1 所示。

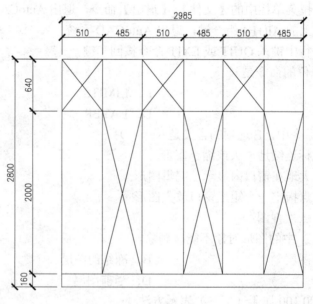

图 2-1 衣柜立面图

步骤如下。
1. 打开 AutoCAD 2019
双击 Windows 桌面上的 AutoCAD 2019 中文版图标,打开 AutoCAD 2019。
2. 设置绘图界限
单击下拉菜单栏中的【格式】|【图形界限】命令,命令行提示如下:

命令:'_limits
重新设置模型空间界限:

指定左下角点或 [开(ON)/关(OFF)] <0.0000,0.0000>:　　　//回车，指定左下角点为原点
指定右上角点 <420.0000,297.0000>:3500,3500　　　//输入右上角点的坐标 3500,3500 并回车

在命令行中输入 Z 并回车，命令行提示如下：

命令: z ZOOM
指定窗口的角点，输入比例因子 (nX 或 nXP)，或者
[全部(A)/中心(C)/动态(D)/范围(E)/上一个(P)/比例(S)/窗口(W)/对象(O)] <实时>: a
正在重生成模型。　　　　　　//输入 a 并回车，选择"全部"选项，显示图形界限

3. 运用矩形命令绘制衣柜外轮廓

单击【绘图】面板中的矩形命令按钮 ▭，命令行提示如下：

命令: _rectang
指定第一个角点或 [倒角(C)/标高(E)/圆角(F)/厚度(T)/宽度(W)]:
　　　　　　　　　　　　　　　　　　　//在绘图区之内任意指定一点
指定另一个角点或 [面积(A)/尺寸(D)/旋转(R)]: d　　//输入 d 并回车选择"尺寸"选项
指定矩形的长度 <10.0000>:2985　　//输入矩形的长度 2985 并回车
指定矩形的宽度 <10.0000>:2800　　//输入矩形的宽度 2800 并回车
指定另一个角点或 [面积(A)/尺寸(D)/旋转(R)]:　　//指定矩形所在一侧的点以确定矩形的方向

绘制结果如图 2-2 所示。

4. 运用直线命令依次绘制衣柜分隔线

1）绘制上端水平分隔线

单击【绘图】面板中的直线命令按钮 ╱，命令行提示如下：

命令: _line
指定第一个点: 640　　　　　　//将光标移至 A 点（图 2-2），出现端点捕捉提示，
　　　　　　　　　　　　　　//向下移动光标出现向下的对象捕捉追踪，如图
　　　　　　　　　　　　　　// 2-3 所示，输入距离 640 并回车，定出直线的
　　　　　　　　　　　　　　//第一个点
指定下一点或 [放弃(U)]:　　　//沿水平向右极轴方向移动光标，至衣柜右端轮
　　　　　　　　　　　　　　//廓线出现交点捕捉提示，如图 2-4 所示，单击
　　　　　　　　　　　　　　//左键定出直线的下一点
指定下一点或 [放弃(U)]:　　　//回车，结束命令

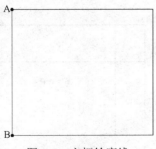
图 2-2　衣柜轮廓线

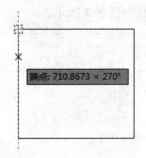
图 2-3　沿 A 点向下追踪

绘图结果如图 2-5 所示。

2）绘制下端水平分隔线

单击【绘图】面板中的直线命令按钮，命令行提示如下：

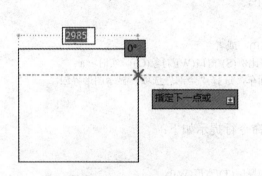

图 2-4　交点捕捉提示

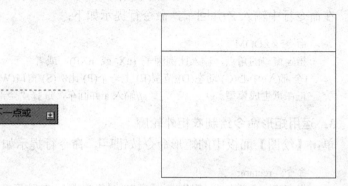

图 2-5　上端分隔线绘制结果

命令: _line
指定第一个点: 160　　　　　　　　　　//将光标移至 B 点（图 2-2），出现端点捕捉提示，向
　　　　　　　　　　　　　　　　　　//上移动光标出现向上的对象捕捉追踪，输入距离 160
　　　　　　　　　　　　　　　　　　//并回车，定出直线的第一个点

指定下一点或 [放弃(U)]:　　　　　　　//沿水平向右极轴方向移动光标,至衣柜右端轮廓线出
　　　　　　　　　　　　　　　　　　//现交点捕捉提示，单击左键定出直线的下一点

指定下一点或 [放弃(U)]:　　　　　　　//回车，结束命令

绘图结果如图 2-6 所示。

3）绘制垂直分隔线

单击【绘图】面板中的直线命令按钮，命令行提示如下：

命令: _line
指定第一个点: 510　　　　　　　　　　//将光标移至 A 点（图 2-2），出现端点捕捉提示，向
　　　　　　　　　　　　　　　　　　//右移动光标出现向右的对象捕捉追踪，输入距离 510
　　　　　　　　　　　　　　　　　　//并回车，定出直线的第一个点

指定下一点或 [放弃(U)]:　　　　　　　//沿垂直向下极轴方向移动光标,至下端水平分隔线出
　　　　　　　　　　　　　　　　　　//现交点捕捉提示，单击左键定出直线的下一点

指定下一点或 [放弃(U)]:　　　　　　　//回车，结束命令

绘图结果如图 2-7 所示。

图 2-6　下端分隔线绘制结果

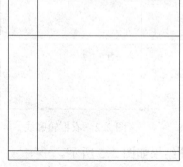

图 2-7　左侧垂直分隔线绘制结果

同理，可绘制出其他的垂直分隔线，绘制结果如图 2-8 所示。

4）绘制其他分隔线

（1）绘制直线 AD 和直线 CE。单击【绘图】面板中的直线命令按钮 ✎，命令行提示如下：

　　命令: _line
　　指定第一个点:　　　　　　　　　　　　　　//捕捉 A 点（图 2-8）
　　指定下一点或 [放弃(U)]:　　　　　　　　　 //捕捉 D 点（图 2-8）
　　指定下一点或 [放弃(U)]:　　　　　　　　　 //回车，结束命令
　　命令: LINE　　　　　　　　　　　　　　　 //直接回车，输入上一次命令，直线命令
　　指定第一个点:　　　　　　　　　　　　　　//捕捉 C 点（图 2-8）
　　指定下一点或 [放弃(U)]:　　　　　　　　　 //捕捉 E 点（图 2-8）
　　指定下一点或 [放弃(U)]:命令:　　　　　　　//回车，结束命令

绘图结果如图 2-9 所示。

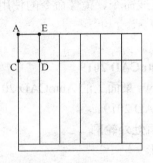

图 2-8　垂直分隔线绘制结果

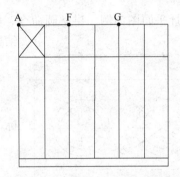

图 2-9　绘制直线 AD 和直线 CE

（2）单击【修改】面板中的复制命令按钮 ⚙，复制直线 AD 和 CE。命令行提示如下：

　　命令: _copy
　　选择对象: 指定对角点: 找到 2 个　　　　　　//选择直线 AD 和 CE
　　选择对象:　　　　　　　　　　　　　　　 //回车，结束对象选择状态
　　当前设置: 复制模式 = 多个
　　指定基点或 [位移(D)/模式(O)] <位移>:　　　　//捕捉 A 点（图 2-9）为基点
　　指定第二个点或[阵列(A)] <使用第一个点作为位移>:　//捕捉 F 点
　　指定第二个点或 [阵列(A)/退出(E)/放弃(U)] <退出>:　//捕捉 G 点
　　指定第二个点或 [阵列(A)/退出(E)/放弃(U)] <退出>:　//回车，结束命令

复制结果如图 2-10 所示。

（3）同理，可绘制并复制出其他交叉线，绘图结果如图 2-11 所示。

注意：AutoCAD 2019 激活命令的方法有三种：通过下拉菜单激活命令，通过面板中的工具按钮激活命令，在命令行中直接输入命令名激活命令。

实例小结：本实例主要应用直线命令、矩形命令和复制命令，利用直线命令绘制水平线和垂直线时，应打开极轴追踪和对象捕捉追踪。直线命令中的"闭合(C)"选项可以封闭图形并结束命令，"放弃(U)"选项可以放弃前一步操作，直至放弃所指定直线的第一点。

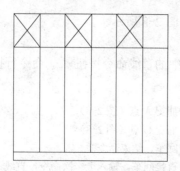

图 2-10 复制结果

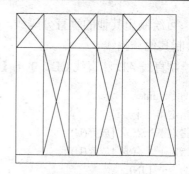

图 2-11 最终绘制结果

任务 2.2 绘制燃气灶平面图

以燃气灶平面图为例,讲解圆命令、矩形命令、直线命令、镜像命令的使用方法,绘制结果如图 2-12 所示。

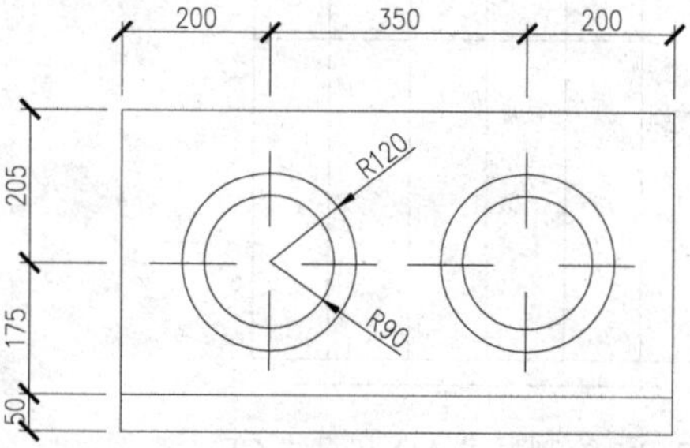

步骤如下。

1. 打开 AutoCAD 2019

双击 Windows 桌面上的 AutoCAD 2019 中文版图标,打开 AutoCAD 2019。

2. 绘制燃气灶外轮廓

1) 绘制矩形

单击【绘图】面板中的矩形命令按钮 ▭,命令行提示如下:

图 2-12 燃气灶平面图

命令:_rectang
指定第一个角点或 [倒角(C)/标高(E)/圆角(F)/厚度(T)/宽度(W)]:
                //在绘图区之内任意指定一点
指定另一个角点或 [面积(A)/尺寸(D)/旋转(R)]: d //输入 d 并回车选择"尺寸"选项
指定矩形的长度 <50.0000>:750   //输入矩形的长度 750 并回车
指定矩形的宽度 <100.0000>:430   //输入矩形的宽度 430 并回车
指定另一个角点或 [面积(A)/尺寸(D)/旋转(R)]: //选择合适方向单击左键,确定矩形的方向

2) 绘制直线

单击【绘图】面板中的直线命令按钮 ╱,命令行提示如下:

命令:_line
指定第一个点: 50   //将光标移至矩形的左下角点,出现端点捕捉提示,沿垂直
              //向上方向移动鼠标,出现垂直向上的追踪线,输入距离 50
              //并回车,确定直线第一点
指定下一点或 [放弃(U)]:   //沿水平向右方向移动鼠标,至矩形的右端垂直线出现交点
              //捕捉提示,单击左键,确定直线的第二个点
指定下一点或 [放弃(U)]:   //回车,结束命令

绘图结果如图 2-13 所示。

3. 绘制燃气灶炉盘

1）绘制大圆

单击【绘图】面板中圆按钮 下侧的下三角号，选择 【圆心、半径】选项，如图 2-14 所示，命令行提示如下：

图 2-13　燃气灶外轮廓绘制结果

命令：_circle
指定圆的圆心或 [三点(3P)/两点(2P)/ 切点、
切点、半径(T)]: _from 基点：<偏移>：　@200,-205
　　　　　　　　　　　　　　　　　　　　//按住键盘上 Shift 键的同时单击鼠标右键，弹出
　　　　　　　　　　　　　　　　　　　　//如图 2-15 所示的快捷菜单，选择【自】选项，在"_from
　　　　　　　　　　　　　　　　　　　　//基点："提示下，捕捉 A 点为基点，在"<偏移>："提
　　　　　　　　　　　　　　　　　　　　//示下，输入"@200,-205"并回车，定出圆心
指定圆的半径或 [直径(D)]: 120　　　　　 //输入圆的半径 120 并回车

图 2-14　圆下拉按钮

图 2-15　鼠标右键快捷菜单

绘图结果如图 2-16 所示。

2）绘制小圆

单击【绘图】面板中圆按钮 下侧的下三角号，选择 【圆心、半径】选项，如图 2-14 所示，命令行提示如下：

命令：CIRCLE
指定圆的圆心或 [三点(3P)/两点(2P)/切点、切点、半径(T)]: //将光标移至大圆圆心处出现
　　　　　　　　　　　　　　　　　　　　　　　　　　　　//圆心捕捉提示，如图 2-17 所示，
　　　　　　　　　　　　　　　　　　　　　　　　　　　　//单击鼠标左键确定小圆圆心
指定圆的半径或 [直径(D)] <170.1436>: 90　　　　　　　　 //输入小圆半径 90 并回车

绘制结果如图 2-18 所示。

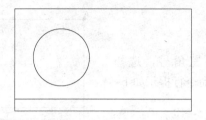
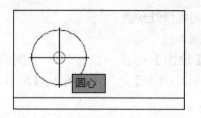

图 2-16　绘制大圆　　　　　　图 2-17　圆心捕捉提示

3）镜像圆

单击【修改】面板中的镜像命令按钮，命令行提示如下：

命令：_mirror
选择对象：指定对角点：找到 2 个　　　　//选择要镜像复制的两个圆
选择对象：　　　　　　　　　　　　　　　//回车
指定镜像线的第一点：指定镜像线的第二点：//将光标移至 B 点，出现中点捕捉提示（图 2-19），
　　　　　　　　　　　　　　　　　　　　//单击鼠标左键，作为镜像线的第一点，再捕捉
　　　　　　　　　　　　　　　　　　　　//中点 C 作为镜像线的第二点
要删除源对象吗？[是(Y)/否(N)] <N>：　　//回车，不删除源对象。

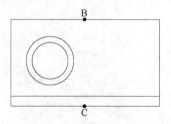
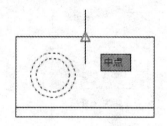

图 2-18　绘制小圆　　　　　　图 2-19　中点捕捉提示

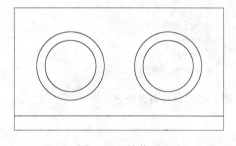

图 2-20　镜像圆

绘制结果如图 2-20 所示。

注意：

（1）在"要删除源对象吗？[是(Y)/否(N)] <N>"提示下，如果选择"是(Y)"选项，镜像之后将删除源对象。

（2）对文字的镜像结果取决于变量 MIRRTEXT 的值。当该变量的值为 0 时，文字镜像后仅对位置镜像，而方向不反向，具有可读性；当该变量的值为 1 时，文字镜像后不仅位置镜像，而且方向也反向，不具有可读性。

4）绘制直线

（1）设置象限点捕捉模式。右键单击状态栏中的对象捕捉命令按钮，弹出捕捉设置菜单，如图 2-21 所示。单击象限点按钮，设置象限点捕捉模式为运行模式。

（2）绘制两条直线。运用直线命令，结合象限点捕捉及对象捕捉追踪功能，绘制两条直线段，如图 2-22 所示。

（3）镜像直线。单击【修改】面板中的镜像命令按钮，命令行提示如下：

命令：_mirror

图 2-21 捕捉菜单　　　　　　　　　　图 2-22 绘制两条直线

　　选择对象: 找到 1 个　　　　　　　　　　//选择要镜像复制的上端线段
　　选择对象:　　　　　　　　　　　　　　　//回车
　　指定镜像线的第一点: 指定镜像线的第二点:　//捕捉大圆左端象限点及右端象限点
　　要删除源对象吗? [是(Y)/否(N)] <N>:　　//回车

直接回车,输入上一次镜像命令,命令行提示如下:

　　命令: MIRROR
　　选择对象: 找到 1 个　　　　　　　　　　//选择要镜像复制的左端线段
　　选择对象:　　　　　　　　　　　　　　　//回车
　　指定镜像线的第一点: 指定镜像线的第二点:　//捕捉大圆上端象限点及下端象限点
　　要删除源对象吗? [是(Y)/否(N)] <N>:　　//回车

镜像结果如图 2-23 所示。

（4）同样,运用镜像命令将左侧四条直线镜像复制到右侧。单击【修改】面板中的镜像命令按钮 ,命令行提示如下:

　　命令:_mirror
　　选择对象: 找到 1 个
　　选择对象: 找到 1 个,总计 2 个
　　选择对象: 找到 1 个,总计 3 个
　　选择对象: 找到 1 个,总计 4 个　　　　　//依次选择四条直线
　　选择对象:　　　　　　　　　　　　　　　//回车
　　指定镜像线的第一点: 指定镜像线的第二点:　//捕捉中点 B 和中点 C（图 2-18）
　　要删除源对象吗? [是(Y)/否(N)] <N>:　　//回车

最终结果如图 2-24 所示。

注意：单击【绘图】面板中的 命令按钮,或者键盘输入圆命令 CIRCLE 或 C 后,命令行提示如下:

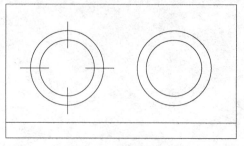
图 2-23　分别镜像两条直线

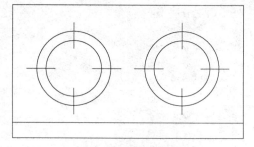
图 2-24　最终绘制结果

命令：_circle 指定圆的圆心或 [三点(3P)/两点(2P)/相切、相切、半径(T)]：

各参数及选项的含义与下拉按钮中相应命令相同，只是没有【相切、相切、相切】选项。

实例小结：本实例主要应用圆命令、矩形命令、直线命令和镜像命令，圆命令有六种画圆方法，如图 2-14 所示，前五种方法可以通过输入快捷键 C 的方法实现，第六种方法只能通过单击下拉按钮或下拉菜单的方式输入命令。运用镜像命令时，镜像的源对象和目标对象应以镜像轴对称。

任务 2.3　绘制浴房平面图

以浴房平面图为例，讲解圆弧命令、圆角命令、偏移命令的使用方法，绘制结果如图 2-25 所示。

1．绘制浴房外轮廓

（1）单击【绘图】面板中的矩形命令按钮 ▭ ，命令行提示如下：

```
命令：_rectang
指定第一个角点或 [倒角(C)/标高(E)/圆角(F)/厚度(T)/宽度(W)]：
                                    //在绘图区之内任意一点单击左键
指定另一个角点或 [面积(A)/尺寸(D)/旋转(R)]：d
                                    //输入 d 并回车选择"尺寸"选项
指定矩形的长度 <10.0000>：900        //输入矩形的长度 900 并回车
指定矩形的宽度 <10.0000>：900        //输入矩形的宽度 900 并回车
指定另一个角点或 [面积(A)/尺寸(D)/旋转(R)]：
                                    //指定矩形所在一侧的点以确定矩形的方向
```

绘制结果如图 2-26 所示。

（2）单击【修改】面板中的圆角命令按钮 ⌒圆角 ，命令行提示如下：

```
命令：_fillet
当前设置：模式 = 修剪，半径 = 0.0000
选择第一个对象或 [放弃(U)/多段线(P)/半径(R)/修剪(T)/多个(M)]：r
                                    //输入 r 并回车，选择"半径"选项
指定圆角半径 <0.0000>：450           //输入圆角半径 450 并回车
选择第一个对象或 [放弃(U)/多段线(P)/半径(R)/修剪(T)/多个(M)]：
                                    //选择直线 AB
选择第二个对象，或按住 Shift 键选择对象以应用角点或 [半径(R)]：
                                    //选择直线 BC
```

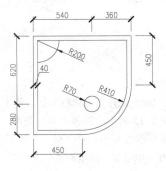
图 2-25 浴房平面图

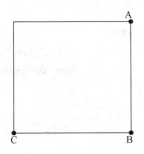
图 2-26 矩形绘制结果

绘制结果如图 2-27 所示。

(3) 单击【修改】面板中的偏移命令按钮 ，命令行提示如下：

  命令：_offset
  当前设置：删除源=否 图层=源 OFFSETGAPTYPE=0
  指定偏移距离或 [通过(T)/删除(E)/图层(L)] <通过>: 40 //输入偏移距离 40 并回车
  选择要偏移的对象，或 [退出(E)/放弃(U)] <退出>: //选择矩形（图 2-27）
  指定要偏移的那一侧上的点，或 [退出(E)/多个(M)/放弃(U)] <退出>:
               //在矩形内部任意一点单击左键确定偏移方向
  选择要偏移的对象，或 [退出(E)/放弃(U)] <退出>: //回车，结束命令

绘制的结果如图 2-28 所示。

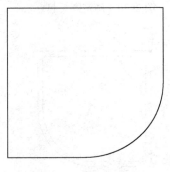
图 2-27 圆角绘制结果

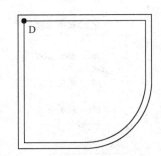
图 2-28 偏移绘制结果

2．绘制浴房内部结构

(1) 单击【绘图】面板中圆弧按钮 下侧的下三角号 ，选择 【起点、圆心、端点】选项，如图 2-29 所示，命令行提示如下：

  命令：_arc
  指定圆弧的起点或 [圆心(C)]: 200 //将光标移至 D 点，出现端点捕捉后慢慢向下移动，
             //沿追踪线输入距离 200 并回车，如图 2-30 所示，确
             //定圆弧起点
  指定圆弧的第二个点或 [圆心(C)/端点(E)]: _c 指定圆弧的圆心： //单击 D 点
  指定圆弧的端点（按住 Ctrl 键以切换方向）或 [角度(A)/弦长(L)]: //沿 D 点水平向右任意一点单击左键

绘制结果如图 2-31 所示。

（2）单击绘图面板中圆按钮下侧的下三角号，选择【圆心、半径】选项，如图 2-14 所示，命令行提示如下：

命令: _circle
指定圆的圆心或 [三点(3P)/两点(2P)/ 切点、切点、半径(T)]: _from 基点: <偏移>: @540, -620
　　//按住 Shift 键并单击鼠标右键，弹出覆盖捕捉工具栏
　　//如图 2-15 所示，选择"自"选项，在"from 基点"
　　//提示下单击 E 点，在"偏移"提示下输入"@540,
　　//-620"并回车，确定圆心
指定圆的半径或 [直径(D)] <10.0000>: 71　　//输入半径 71 并回车

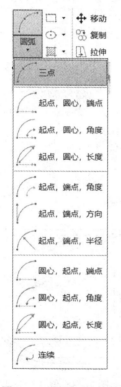

图 2-29　圆弧下拉按钮

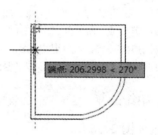

图 2-30　确定圆弧起点

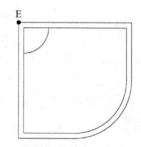

图 2-31　绘制圆弧

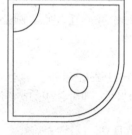

图 2-32　最终绘制结果

绘图结果如图 2-32 所示。

实例小结：本实例主要应用了圆角命令和圆弧命令，圆弧命令的 11 种绘制方法如图 2-29 所示。圆弧命令的另外两种输入方式为：单击下拉菜单栏中的【绘图】|【圆弧】命令，或者键盘输入 ARC 或 A。

任务 2.4　绘制桌椅平面图

以桌椅平面图为例,讲解矩形、直线、拉伸、成组、偏移、移动和镜像等命令,绘制结果如图 2-33 所示。

步骤如下。

1. 设置绘图界限

单击下拉菜单栏中的【格式】|【图形界限】命令,根据命令行提示指定左下角点为原点,右上角点为 "2000,2000"。

在命令行中输入 ZOOM 命令,回车后选择 "全部(A)" 选项,显示图形界限。

2. 绘制桌子

(1) 单击【绘图】面板中的矩形命令按钮 ▢,命令行提示如下:

```
命令: _rectang
指定第一个角点或 [倒角(C)/标高(E)/圆角(F)/厚度(T)/宽度(W)]:
指定另一个角点或 [面积(A)/尺寸(D)/旋转(R)]: d        //输入 d 并回车,选择"尺寸"选项
指定矩形的长度 <10.0000>: 750                    //输入矩形的长度 750 并回车
指定矩形的宽度 <10.0000>: 1200                   //输入矩形的宽度 1200 并回车
指定另一个角点或 [面积(A)/尺寸(D)/旋转(R)]:        //在合适的位置单击左键确定矩形的方向
```

(2) 单击【修改】面板中的偏移命令按钮 ⊂,命令行提示如下:

```
命令: _offset
当前设置: 删除源=否  图层=源  OFFSETGAPTYPE=0
指定偏移距离或 [通过(T)/删除(E)/图层(L)] <通过>: 50   //输入偏移距离 50 并回车
选择要偏移的对象,或 [退出(E)/放弃(U)] <退出>:       //选择矩形
指定要偏移的那一侧上的点,或 [退出(E)/多个(M)/放弃(U)] <退出>:
                                              //在矩形内部任意一点单击左键确定偏移方向
选择要偏移的对象,或 [退出(E)/放弃(U)] <退出>:       //回车,结束命令
```

绘制的结果如图 2-34 所示。

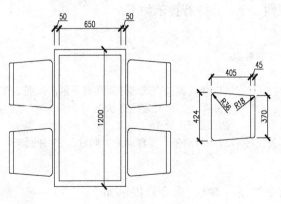

图 2-33　桌椅平面图

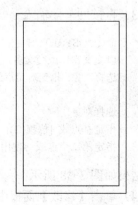

图 2-34　桌子平面图

3. 绘制椅子

1) 绘制椅座

（1）单击【绘图】面板中的矩形命令按钮 ▭，命令行提示如下：

命令：_rectang
指定第一个角点或 [倒角(C)/标高(E)/圆角(F)/厚度(T)/宽度(W)]:
指定另一个角点或 [面积(A)/尺寸(D)/旋转(R)]: d   //输入 d 并回车，选择"尺寸"选项
指定矩形的长度 <750.0000>: 405   //输入矩形的长度 405 并回车
指定矩形的宽度 <1200.0000>: 424   //输入矩形的宽度 424 并回车
指定另一个角点或 [面积(A)/尺寸(D)/旋转(R)]:   //在合适的位置单击左键确定矩形的方向

（2）单击【修改】面板中的拉伸命令按钮 ▢，命令行提示如下：

命令：_stretch
以交叉窗口或交叉多边形选择要拉伸的对象...
选择对象: 指定对角点: 找到 1 个
                                          //以交叉窗口方式选择矩形右上角，如图 2-35 所示
选择对象: //回车，结束对象选择状态
指定基点或 [位移(D)] <位移>:   //任意一点单击
指定第二个点或 <使用第一个点作为位移>: 27
                                          //沿基点垂直向下方向输入 27 并回车

结果如图 2-36 所示。

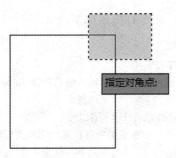 

图 2-35　桌子右上角交叉窗口　　　图 2-36　桌子右上角向下拉伸结果

（3）直接回车，输入上一次命令拉伸命令，命令行提示如下：

命令：STRETCH
以交叉窗口或交叉多边形选择要拉伸的对象...
选择对象: 指定对角点: 找到 1 个
                                          //以交叉窗口方式选择矩形右下角，如图 2-37 所示
选择对象: //回车，结束对象选择状态
指定基点或 [位移(D)] <位移>:   //任意一点单击
指定第二个点或 <使用第一个点作为位移>: 27   //沿基点垂直向上方向输入 27 并回车

结果如图 2-38 所示。

（4）单击【修改】面板中的圆角命令按钮 ⌒ 圆角，命令行提示如下：

命令：_fillet
当前设置: 模式 = 修剪，半径 = 0.0000
选择第一个对象或 [放弃(U)/多段线(P)/半径(R)/修剪(T)/多个(M)]: r

项目 2 绘制简单图形

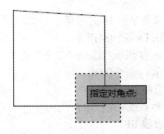

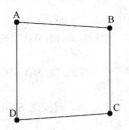

图 2-37 桌子右下角交叉窗口　　　　图 2-38 桌子右下角向上拉伸结果

```
                                    //输入 r 并回车，选择"半径"选项
指定圆角半径 <0.0000>: 36            //输入圆角半径 36 并回车
选择第一个对象或 [放弃(U)/多段线(P)/半径(R)/修剪(T)/多个(M)]: m
                                    //输入 m 并回车，选择"多个"选项
选择第一个对象或 [放弃(U)/多段线(P)/半径(R)/修剪(T)/多个(M)]:    //选择直线 AB
选择第二个对象，或按住 Shift 键选择对象以应用角点或 [半径(R)]:    //选择直线 AD
选择第一个对象或 [放弃(U)/多段线(P)/半径(R)/修剪(T)/多个(M)]:    //选择直线 AD
选择第二个对象，或按住 Shift 键选择对象以应用角点或 [半径(R)]:    //选择直线 DC
选择第一个对象或 [放弃(U)/多段线(P)/半径(R)/修剪(T)/多个(M)]:    //回车，结束命令
```

绘制结果如图 2-39 所示。

2）绘制靠背

（1）单击【绘图】面板中的直线命令按钮 ，命令行提示如下：

```
命令: _line
指定第一个点:                        //捕捉端点 B 点
指定下一点或 [放弃(U)]: 45           //沿 B 点水平向右方向输入距离 45 并回车，确定 E 点
                                    //（图 2-40）
指定下一点或 [放弃(U)]: 370          //沿垂直向下方向输入距离 370 并回车，确定 F 点
指定下一点或 [闭合(C)/放弃(U)]:      //捕捉 C 点
指定下一点或 [闭合(C)/放弃(U)]:      //回车，结束命令
```

绘制结果如图 2-40 所示。

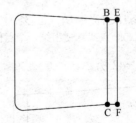

图 2-39 椅座圆角结果　　　　图 2-40 直线绘制结果

（2）单击【修改】面板中的圆角命令按钮 圆角 ，命令行提示如下：

```
命令: _fillet
当前设置: 模式 = 修剪，半径 =   36.0000
选择第一个对象或 [放弃(U)/多段线(P)/半径(R)/修剪(T)/多个(M)]: r
                                    //输入 r 并回车，选择"半径"选项
```

```
指定圆角半径<36.0000>: 18                //输入圆角半径 18 并回车
选择第一个对象或 [放弃(U)/多段线(P)/半径(R)/修剪(T)/多个(M)]: m
                                          //输入 m 并回车,选择"多个"选项
选择第一个对象或 [放弃(U)/多段线(P)/半径(R)/修剪(T)/多个(M)]:
                                          //选择直线 BE
选择第二个对象,或按住 Shift 键选择对象以应用角点或 [半径(R)]:
                                          //选择直线 EF
选择第一个对象或 [放弃(U)/多段线(P)/半径(R)/修剪(T)/多个(M)]:
                                          //选择直线 EF
选择第二个对象,或按住 Shift 键选择对象以应用角点或 [半径(R)]:
                                          //选择直线 FC
选择第一个对象或 [放弃(U)/多段线(P)/半径(R)/修剪(T)/多个(M)]:
                                          //回车,结束命令
```

绘制结果如图 2-41 所示。

4. 将椅子组合成"椅子"组

键盘输入成组命令 GROUP 或 G,回车后命令行提示如下:

```
命令: G
GROUP 选择对象或 [名称(N)/说明(D)]: n     //输入 n 并回车选择"名称"选项
输入编组名或 [?]: 椅子                    //输入编组名"椅子"并回车
选择对象或 [名称(N)/说明(D)]: 指定对角点: 找到 6 个
                                          //框选组成椅子的所有对象
选择对象或 [名称(N)/说明(D)]:             //回车
组"椅子"已创建。                          //组已经创建完成
```

5. 调整图形

1)移动椅子位置

单击【修改】面板中的移动命令按钮,命令行提示如下:

```
命令: _move
选择对象: 找到 6 个, 1 个编组            //选择"椅子"组
选择对象:                                  //回车,结束命令
指定基点或 [位移(D)] <位移>:              //在椅子内部任一点单击
指定第二个点或 <使用第一个点作为位移>:    //在桌子旁合适位置单击左键
```

结果如图 2-42 所示。

图 2-41 椅子绘制结果

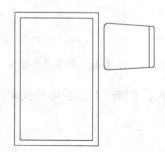
图 2-42 移动椅子结果

2）旋转复制椅子

单击【修改】面板中的复制命令按钮，命令行提示如下：

```
命令：_copy
选择对象: 指定对角点: 找到 6 个，1 个编组         //选择"椅子"组
选择对象：                                      //回车，结束对象选择状态
当前设置：复制模式 = 多个
指定基点或 [位移(D)/模式(O)] <位移>：            //在椅子内部任一点单击
指定第二个点或[阵列(A)] <使用第一个点作为位移>： //合适位置单击左键
指定第二个点或 [阵列(A)/退出(E)/放弃(U)] <退出>： //回车，结束命令
```

复制结果如图 2-43 所示。

3）镜像椅子

单击【修改】面板中的镜像命令按钮，命令行提示如下：

```
命令：_mirror
选择对象: 指定对角点: 找到 12 个，2 个编组       //选择两个椅子组（图 2-43）
选择对象：                                      //回车
指定镜像线的第一点: 指定镜像线的第二点：         //分别捕捉中点 G 和中点 H
要删除源对象吗？[是(Y)/否(N)] <N>：             //回车
```

结果如图 2-44 所示。

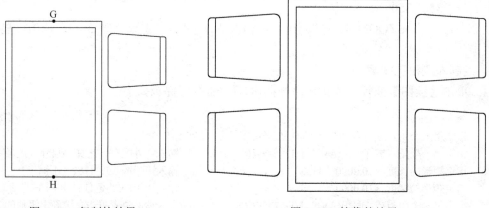

图 2-43　复制的结果　　　　　图 2-44　镜像的结果

实例小结：通过本实例讲解拉伸、移动、成组等命令的使用方法和技巧。移动命令可以对所选对象的位置进行调整，操作时需指定基点；拉伸命令使用时必须用交叉窗口或交叉多边形的方式选取对象。对象编组命令 GROUP，可以把选中的对象编成组，并将组作为一个对象整体进行移动、旋转、复制等操作。

任务 2.5　绘制地板拼花图案

以地板拼花图案为例，讲解打断于点命令、填充命令的使用方法，绘制结果如图 2-45 所示。

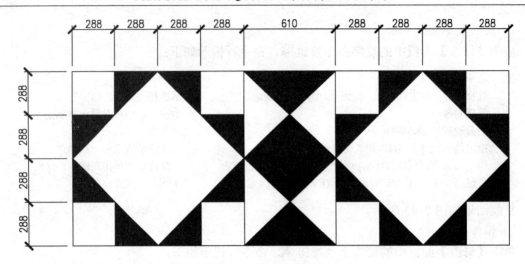

图 2-45 地板拼花图案

步骤如下。

1．打开 AutoCAD 2019

双击 Windows 桌面上的 AutoCAD 2019 中文版图标，打开 AutoCAD 2019。

2．设置绘图界限

单击下拉菜单栏中的【格式】|【图形界限】命令，根据命令行提示指定左下角点为原点，右上角点为"3500,3500"。

在命令行中输入 ZOOM 命令并回车，再输入 A 并回车，选择"全部(A)"选项，显示图形界限。

3．绘制左侧拼花图案

（1）单击【绘图】面板中的矩形命令按钮▭，命令行提示如下：

```
命令:_rectang
指定第一个角点或 [倒角(C)/标高(E)/圆角(F)/厚度(T)/宽度(W)]:
指定另一个角点或 [面积(A)/尺寸(D)/旋转(R)]: d        //输入 d 并回车，选择"尺寸"选项
指定矩形的长度 <10.0000>: 1152                      //输入矩形的长度 1152 并回车
指定矩形的宽度 <10.0000>: 1152                      //输入矩形的宽度 1152 并回车
指定另一个角点或 [面积(A)/尺寸(D)/旋转(R)]:          //在合适的位置单击左键确定矩形的方向
```

（2）单击【绘图】面板中的多段线命令按钮⤴，命令行提示如下：

```
命令:_pline
指定起点:                                           //捕捉矩形上边中点 C
当前线宽为 0.0000
指定下一个点或 [圆弧(A)/半宽(H)/长度(L)/放弃(U)/宽度(W)]:        //捕捉矩形左边中点 D
指定下一点或 [圆弧(A)/闭合(C)/半宽(H)/长度(L)/放弃(U)/宽度(W)]:   //捕捉矩形下边中点 E
指定下一点或 [圆弧(A)/闭合(C)/半宽(H)/长度(L)/放弃(U)/宽度(W)]:   //捕捉矩形右边中点 F
指定下一点或 [圆弧(A)/闭合(C)/半宽(H)/长度(L)/放弃(U)/宽度(W)]:   //捕捉矩形上边中点 C
指定下一点或 [圆弧(A)/闭合(C)/半宽(H)/长度(L)/放弃(U)/宽度(W)]:   //回车，结束命令
```

结果如图 2-46 所示。

（3）单击【修改】面板中的打断于点命令按钮 □，命令行提示如下：

    命令：_break 选择对象：   //选择直线 AB（图 2-46）
    指定第二个打断点 或 [第一点(F)]：_f
    指定第一个打断点：   //捕捉直线 AB 的中点 C
    指定第二个打断点：@

注意：捕捉直线 AB 的中点时，应将"中点"捕捉模式选中。

（4）单击【绘图】面板中的直线命令按钮 ✎，命令行提示如下：

    命令：_line
    指定第一个点：   //捕捉直线 AC 的中点 G（图 2-47）
    指定下一点或 [放弃(U)]：   //捕捉直线 CD 的中点 H
    指定下一点或 [放弃(U)]：   //沿水平向左方向捕捉与直线 AD 的交点 I
    指定下一点或 [闭合(C)/放弃(U)]： //回车，结束命令

结果如图 2-47 所示。

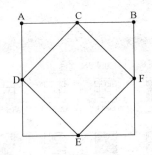
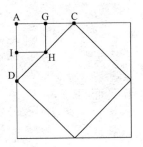

图 2-46 矩形和多段线绘制结果   图 2-47 直线绘制结果

（5）镜像直线 GH 和直线 HI。

单击【修改】面板中的镜像命令按钮 ⚠，命令行提示如下：

    命令：_mirror
    选择对象：找到 1 个   //选择直线 GH
    选择对象：找到 1 个，总计 2 个   //选择直线 IH
    选择对象：   //回车，结束对象选择状态
    指定镜像线的第一点：   //捕捉 C 点作为镜像线的第一点
    指定镜像线的第二点：   //沿 C 点垂直向下方向任意一点单击左键
    要删除源对象吗？[是(Y)/否(N)] <N>：//回车，不删除源对象

镜像结果如图 2-48 所示。

同理，以 D 点所在的水平线为镜像轴，镜像直线 GH、HI、JK、KL，镜像结果如图 2-49 所示。

（6）图案填充。

单击【绘图】面板中的图案填充命令按钮 ▨，根据命令行提示输入"T"并回车选择"设置"选项，弹出【图案填充和渐变色】对话框，如图 2-50 所示。在【类型和图案】选项区域中，单击【图案】下拉列表框右侧的 ▭ 按钮，弹出【填充图案选项板】对话框，如图 2-51 所示。单击【其他预定义】标签，选择【其他预定义】选项卡，选择"SOLID"填充类型。

单击【确定】按钮，回到【图案填充和渐变色】对话框。单击【边界】选项区域的拾取点按钮，进入绘图区域，在将要填充图案的封闭图形的内部依次单击左键，选择完成后按回车键结束命令。命令行提示如下：

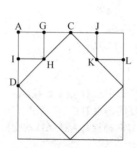

图 2-48　左右镜像结果

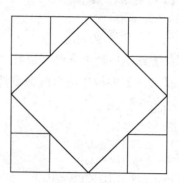

图 2-49　上下镜像结果

图 2-50　【图案填充和渐变色】对话框

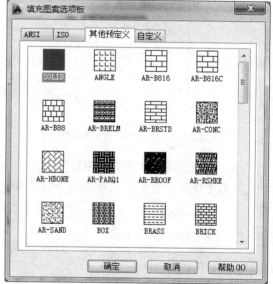

图 2-51　【填充图案选项板】对话框

命令：_hatch
拾取内部点或 [选择对象(S)/放弃(U)/设置(T)]: t
　　　　　　//输入"t"并回车选择设置选项，弹出【图案填充和渐变色】对话框（图 2-50）
拾取内部点或 [选择对象(S)/放弃(U)/设置(T)]:
　　　　　　//依次在填充图案的封闭边界内部单击左键
拾取内部点或 [选择对象(S)/放弃(U)/设置(T)]: 正在选择所有对象...
正在选择所有可见对象...
正在分析所选数据...
正在分析内部孤岛...
……

填充图案边界选好后,回车结束命令。

绘图结果如图 2-52 所示。

4. 绘制中间部分

(1) 单击【绘图】面板中的直线命令按钮 ,捕捉图 2-52 的右上角点为直线的第一点,向右画长度为 610 的水平线,向下画长度为 1152 的垂直线,再向左画长度为 610 的水平线,如图 2-53 所示。

图 2-52 填充图案结果

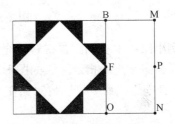

图 2-53 绘制直线

(2) 单击【绘图】面板中的直线命令按钮 ,运用端点捕捉和中点捕捉,依次连接点 BPO,同样,运用直线命令连接点 MFN,绘图结果如图 2-54 所示。

(3) 运用图案填充命令在相应的区域填充 "SOLID" 图案,如图 2-55 所示。

图 2-54 绘制内部直线

图 2-55 填充中间图案

5. 镜像地板拼花图案右部分

单击【修改】面板中的镜像命令按钮 ,命令行提示如下:

```
命令:_mirror
选择对象: 指定对角点: 找到 12 个      //选择地板拼花图案的左半部分
选择对象:                           //回车,结束对象选择状态
指定镜像线的第一点:                  //捕捉直线 BM(图 2-53)的中点
指定镜像线的第二点:                  //捕捉直线 ON(图 2-53)的中点
要删除源对象吗?[是(Y)/否(N)] <N>:    //回车
```

结果如图 2-56 所示。

图 2-56　地板拼花图案最终结果

实例小结：本实例主要讲解填充命令和打断于点命令的使用方法。图案填充是一种使用指定线条图案来充满指定区域的图形对象，常常用于表达剖切面和不同类型物体对象的外观纹理等；打断于点命令可以将对象在一点处断开成两个对象，它是从打断命令中派生出来的。

任务 2.6　绘制沙发平面图

以沙发平面图为例，讲解阵列、旋转、合并命令的使用方法，本实例还用到矩形、圆弧、圆角等命令，绘制结果如图 2-57 所示。

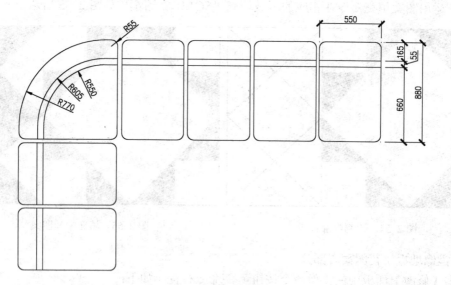

图 2-57　沙发平面图

步骤如下。
1. 设置绘图界限
单击下拉菜单栏中的【格式】|【图形界限】命令，根据命令行提示指定左下角点为原点，右上角点为"3000,3000"。

项目 2　绘制简单图形　　37

在命令行中输入 ZOOM 命令，回车后选择"全部(A)"选项，显示图形界限。

2．绘制矩形沙发

（1）单击【绘图】面板中的矩形命令按钮 ▭，命令行提示如下：

　　命令: _rectang
　　指定第一个角点或 [倒角(C)/标高(E)/圆角(F)/厚度(T)/宽度(W)]:
　　　　　　　　　　　　　　　　　　　　　　　//在绘图区之内任意指定一点
　　指定另一个角点或 [面积(A)/尺寸(D)/旋转(R)]: d　　//输入 d 并回车选择"尺寸"选项
　　指定矩形的长度 <10.0000>:550　　　　　　　//输入矩形的长度 550 并回车
　　指定矩形的宽度 <10.0000>:880　　　　　　　//输入矩形的宽度 880 并回车
　　指定另一个角点或 [面积(A)/尺寸(D)/旋转(R)]:　//指定矩形所在一侧的点以确定矩形的方向

（2）单击【绘图】面板中的直线命令按钮 ╱，命令行提示如下：

　　命令: _line
　　指定第一个点: 165　　　　　　//将光标移至矩形左上角点，出现端点捕捉提示，向下
　　　　　　　　　　　　　　　　//移动光标出现向下的对象捕捉追踪，如图 2-58，输入
　　　　　　　　　　　　　　　　//距离 165 并回车，定出直线的第一个点
　　指定下一点或 [放弃(U)]:　　　//沿水平向右极轴方向移动光标，至矩形右端轮廓线出
　　现交点捕捉提示，单击左键定出直线的下一点
　　指定下一点或 [放弃(U)]:　　　//回车，结束命令

绘图结果如图 2-59 所示。

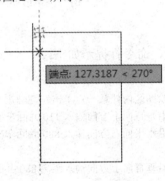　　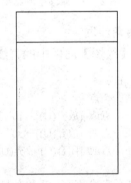

　　图 2-58　端点捕捉追踪　　　　　图 2-59　矩形及直线绘制结果

（3）单击【修改】面板中的偏移命令按钮 ⊆，命令行提示如下：

　　命令: _offset
　　当前设置: 删除源=否　图层=源　OFFSETGAPTYPE=0
　　指定偏移距离或 [通过(T)/删除(E)/图层(L)] <通过>:55　//输入偏移距离 55 并回车
　　选择要偏移的对象，或 [退出(E)/放弃(U)] <退出>:　　//选择直线（图 2-59）
　　指定要偏移的那一侧上的点，或 [退出(E)/多个(M)/放弃(U)] <退出>:
　　　　　　　　　　　　　　　　　　　　//在直线下侧任意一点单击左键确定偏移方向
　　选择要偏移的对象，或 [退出(E)/放弃(U)] <退出>:　　//回车，结束命令

绘制的结果如图 2-60 所示。

（4）单击【修改】面板中的圆角命令按钮 ⌒圆角，命令行提示如下：

　　命令: _fillet

```
当前设置：模式 = 修剪，半径 = 0.0000
选择第一个对象或 [放弃(U)/多段线(P)/半径(R)/修剪(T)/多个(M)]: r
                                    //输入 r 并回车，选择"半径"选项
指定圆角半径 <0.0000>: 55           //输入圆角半径 55 并回车
选择第一个对象或 [放弃(U)/多段线(P)/半径(R)/修剪(T)/多个(M)]: p
                                    //输入 p 并回车，选择"多段线"选项
选择二维多段线或 [半径(R)]:         //选择图 2-60 中的矩形
4 条直线已被圆角                    //矩形被圆角
```

绘制结果如图 2-61 所示。

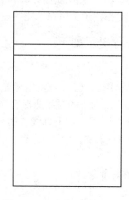 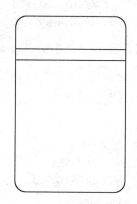

图 2-60　偏移绘制结果　　　　　　图 2-61　圆角结果

3．绘制转角沙发

（1）单击【绘图】面板中的直线命令按钮，命令行提示如下：

```
命令: _line
指定第一个点:                       //绘图区内任意一点单击左键确定直线第一点 A
指定下一点或 [放弃(U)]: 110         //沿垂直向下方向输入 110 并回车确定点 B
指定下一点或 [放弃(U)]: 880         //沿水平向右方向输入 880 并回车确定点 C
指定下一点或 [闭合(C)/放弃(U)]: 880
                                    //沿垂直向上方向输入距离 880 并回车确定点 D
指定下一点或 [闭合(C)/放弃(U)]: 110
                                    //沿水平向左方向输入 110 并回车确定点 E
指定下一点或 [闭合(C)/放弃(U)]:     //回车，结束命令
```

结果如图 2-62 所示。

（2）绘制圆弧 AE。单击【绘图】面板中圆弧按钮下侧的下三角号，选择【起点、端点、半径】选项，如图 2-29 所示，命令行提示如下：

```
命令: _arc
指定圆弧的起点或 [圆心(C)]:         //捕捉 E 点作为圆弧的起点
指定圆弧的第二个点或 [圆心(C)/端点(E)]: _e
指定圆弧的端点:                     //捕捉 A 点作为圆弧的端点
指定圆弧的中心点(按住 Ctrl 键切换方向)或 [角度(A)/方向(D)/半径(R)]: _r 指定圆弧的半径:（按住 Ctrl 键以切换方向）770
```

//输入圆弧的半径 770 并回车

结果如图 2-63 所示。

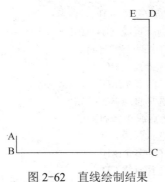
图 2-62 直线绘制结果

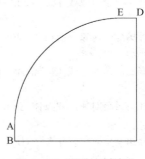
图 2-63 圆弧绘制结果

（3）单击【修改】面板中的合并命令按钮，命令行提示如下：

命令:_join
选择源对象或要一次合并的多个对象: 找到 1 个　　　//选择直线 AB（图 2-63）
选择要合并的对象: 指定对角点: 找到 2 个，总计 3 个　　//选择圆弧 AE 和直线 ED
选择要合并的对象:　　　　　　　　　　　　　　　　//回车，结束命令
3 个对象已转换为 1 条多段线　　　　　　　　　　　//提示多段线合并完成

（4）单击【修改】面板中的偏移命令按钮，命令行提示如下：

命令:_offset
当前设置: 删除源=否　图层=源　OFFSETGAPTYPE=0
指定偏移距离或 [通过(T)/删除(E)/图层(L)] <通过>: 165
　　　　　　　　　　　　　　　　　　　　　　　　//输入偏移距离 165 并回车
选择要偏移的对象, 或 [退出(E)/放弃(U)] <退出>:　//选择合并完成的多段线
指定要偏移的那一侧上的点, 或 [退出(E)/多个(M)/放弃(U)] <退出>:
　　　　　　　　　　　　　　　　　　　　　　　　//图形内部单击左键
选择要偏移的对象, 或 [退出(E)/放弃(U)] <退出>:　//回车，结束命令
命令: OFFSET　　　　　　　　　　　　　　　　　　//回车，输入上一次偏移命令
当前设置: 删除源=否　图层=源　OFFSETGAPTYPE=0
指定偏移距离或 [通过(T)/删除(E)/图层(L)] <165.0000>: 55
　　　　　　　　　　　　　　　　　　　　　　　　//输入偏移距离 55 并回车
选择要偏移的对象, 或 [退出(E)/放弃(U)] <退出>:　//选择偏移后的多段线
指定要偏移的那一侧上的点, 或 [退出(E)/多个(M)/放弃(U)] <退出>:
　　　　　　　　　　　　　　　　　　　　　　　　//图形内部单击左键
选择要偏移的对象, 或 [退出(E)/放弃(U)] <退出>:　//回车，结束命令

绘制的结果如图 2-64 所示。

（5）单击【修改】面板中的圆角命令按钮，命令行提示如下：

命令:_fillet
当前设置: 模式 = 修剪，半径 = 55.0000
选择第一个对象或 [放弃(U)/多段线(P)/半径(R)/修剪(T)/多个(M)]: R
　　　　　　　　　　　　　　　　　　　　　　　　//输入 R 并回车选择"半径"选项

指定圆角半径 <55.0000>: 55   //输入圆角半径 55 并回车
选择第一个对象或 [放弃(U)/多段线(P)/半径(R)/修剪(T)/多个(M)]: M
                                              //输入 M 选择"多个"选项
选择第一个对象或 [放弃(U)/多段线(P)/半径(R)/修剪(T)/多个(M)]:
                                              //选择直线 AB（图 2-64）
选择第二个对象，或按住 Shift 键选择对象以应用角点或 [半径(R)]:
                                              //选择直线 BC
选择第一个对象或 [放弃(U)/多段线(P)/半径(R)/修剪(T)/多个(M)]:
                                              //选择直线 BC
选择第二个对象，或按住 Shift 键选择对象以应用角点或 [半径(R)]:
                                              //选择直线 CD
选择第一个对象或 [放弃(U)/多段线(P)/半径(R)/修剪(T)/多个(M)]:
                                              //选择直线 CD
选择第二个对象，或按住 Shift 键选择对象以应用角点或 [半径(R)]:
                                              //选择直线 DE
选择第一个对象或 [放弃(U)/多段线(P)/半径(R)/修剪(T)/多个(M)]:   //回车

绘制结果如图 2-65 所示。

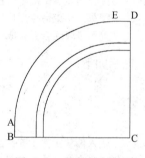

图 2-64 偏移绘制结果

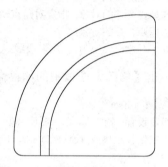

图 2-65 转角沙发绘制结果

4．复制矩形沙发并调整位置

（1）单击【修改】面板中的旋转命令按钮 旋转，命令行提示如下：

命令: _rotate
UCS 当前的正角方向：ANGDIR=逆时针   ANGBASE=0
选择对象: 指定对角点: 找到 3 个   //选择矩形椅子
选择对象: //回车，结束对象选择状态
指定基点: //椅子外任意一点单击左键
指定旋转角度，或 [复制(C)/参照(R)] <0>: C   //输入 C 并回车选择"复制"选项旋转一组选定
                                              //对象
指定旋转角度，或 [复制(C)/参照(R)] <0>: 90   //输入旋转角度 90 并回车

（2）运用移动命令调整矩形沙发的位置，使矩形沙发与转角沙发之间的间距为 50，如图 2-66 所示。

（3）单击【修改】面板中的阵列命令按钮，命令行提示如下：

命令: _arrayrect
选择对象: 指定对角点: 找到 3 个   //选择图 2-66 中右侧的矩形沙发

选择对象: //回车,结束对象选择状态
类型 = 矩形 关联 = 是
选择夹点以编辑阵列或 [关联(AS)/基点(B)/计数(COU)/间距(S)/列数(COL)/行数(R)/层数(L)/退出(X)] <退出>: COL   //输入 COL 并回车,选择"列数"选项
输入列数数或 [表达式(E)] <4>: 4   //输入 4 并回车,设置 4 列
指定 列数 之间的距离或 [总计(T)/表达式(E)] <825>: 600
                                            //输入 600 并回车,指定列数之间距离
选择夹点以编辑阵列或 [关联(AS)/基点(B)/计数(COU)/间距(S)/列数(COL)/行数(R)/层数(L)/退出(X)] <退出>: R   //输入 R 并回车,选择"行数"选项
输入行数数或 [表达式(E)] <3>: 1   //输入 1 并回车,设置行数
指定 行数 之间的距离或 [总计(T)/表达式(E)] <1320>: //回车
指定 行数 之间的标高增量或 [表达式(E)] <0>:   //回车
选择夹点以编辑阵列或 [关联(AS)/基点(B)/计数(COU)/间距(S)/列数(COL)/行数(R)/层数(L)/退出(X)] <退出>:   //回车

结果如图 2-67 所示。

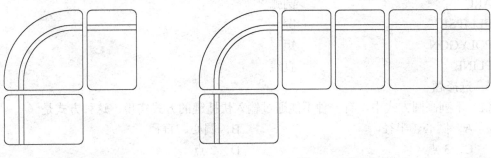

图 2-66 调整沙发位置   图 2-67 阵列沙发

(4) 运用复制命令复制下端的矩形沙发,使两沙发之间的间距为 50,结果如图 2-68 所示。

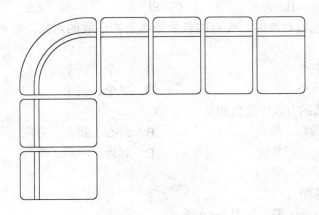

图 2-68 沙发平面图

本实例主要讲解阵列命令、旋转命令、合并命令的使用方法和技巧。阵列命令分"矩形阵列""路径阵列""环形阵列"三种类型;旋转命令在执行旋转操作时可复制对象;合并命令可以把多个首尾相连的简单对象合并成一个多段线。

思考与练习

1. 思考题

（1）命令输入方式有哪三种？
（2）画圆有几种方法？如何实现？
（3）矩形命令和正多边形命令有何区别？
（4）多段线命令可否由直线与圆弧命令替代？为什么？

2. 连线题

将左侧的命令与右侧的功能连接起来。

LINE	多段线
RECTANG	正多边形
CIRCLE	椭圆
ARC	圆弧
ELLIPSE	圆
POLYGON	矩形
PLINE	直线

3. 选择题

（1）下列画圆方式中，有一种不能通过输入快捷键的方式实现，这种方式是（　　）。
  A. 圆心、半径　　　　　　　　B. 圆心、直径
  C. 3 点　　　　　　　　　　　D. 2 点
  E. 相切、相切、半径　　　　　F. 相切、相切、相切

（2）下列各命令为圆弧命令快捷键的是（　　）。
  A. C　　　B. A　　　C. Pl　　　D. Rec

（3）使用夹点编辑对象时，夹点的数量依赖于被选取的对象，矩形和圆各有（　　）夹点。
  A. 八个、五个　　　　　　　　B. 一个、一个
  C. 四个、一个　　　　　　　　D. 二个、三个

（4）下列画圆弧的方式中无效的是（　　）。
  A. 起点、圆心、端点　　　　　B. 圆心、起点、方向
  C. 圆心、起点、角度　　　　　D. 起点、端点、半径

4. 绘图题

绘制下列各家具图。

（1）绘制电视柜平面图，如图 2-69 所示。
（2）绘制门立面图，如图 2-70 所示。
（3）绘制电冰箱立面图，如图 2-71 所示。
（4）绘制双人床平面图，如图 2-72 所示。

项目 2 绘制简单图形

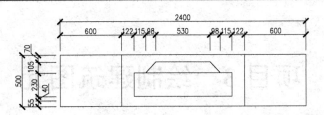

图 2-69 电视柜平面图

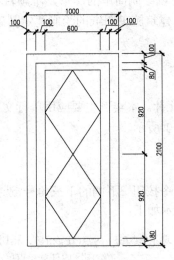 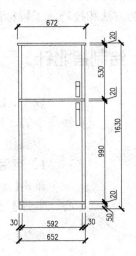

图 2-70 门立面图　　　　　　　图 2-71 电冰箱立面图

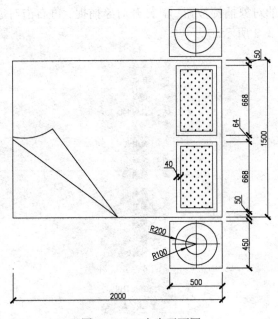

图 2-72 双人床平面图

项目 3 绘制建筑图元

运用二维基本绘图命令和二维图形编辑命令可以绘制简单的图形,本项目将介绍绘制各类建筑图块的方法和技巧,工程标注的方法等,为建筑施工图纸的绘制奠定基础。

任务 3.1 绘制指北针

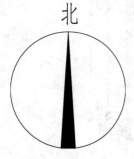

图 3-1 指北针

以 1∶1 的比例绘制指北针。本实例主要应用单行文字命令、多段线命令等,绘制结果如图 3-1 所示。

步骤如下:

1. 运用细实线绘制圆

单击【绘图】面板中圆命令按钮⊙下侧的下三角号,选择⊙ 圆心, 半径【圆心、半径】选项,命令行提示如下:

命令: _circle 指定圆的圆心或 [三点(3P)/两点(2P)/相切、相切、半径(T)]:
　　　　　　　　　　　　　　　　　　　　//绘图区内任意一点单击左键作为圆心
指定圆的半径或 [直径(D)] <2.5000>:12　　　　　　　　　　//输入半径 12 并回车

2. 绘制多段线箭头

(1) 单击状态栏中的对象捕捉按钮▢,打开对象捕捉。再右击对象捕捉按钮▢,启用"象限点"捕捉模式,如图 3-2 所示。

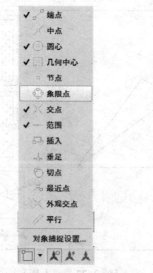

图 3-2 启用"象限点"捕捉模式

(2) 单击【绘图】面板中的多段线命令按钮⤵,命令行提示如下:

```
命令: _pline
指定起点：                          //单击圆上端象限点（图 3-3）
当前线宽为 0.0000
指定下一个点或 [圆弧(A)/半宽(H)/长度(L)/放弃(U)/宽度(W)]: W
                                    //输入 W 并回车选择"宽度"选项
指定起点宽度 <0.0000>: 0             //输入 0 并回车，设置起点宽度
指定端点宽度 <0.0000>: 3             //输入 3 并回车，设置端点宽度
指定下一个点或 [圆弧(A)/半宽(H)/长度(L)/放弃(U)/宽度(W)]:
                                    //单击圆下端象限点（图 3-4）
指定下一点或 [圆弧(A)/闭合(C)/半宽(H)/长度(L)/放弃(U)/宽度(W)]:
                                    //回车，绘图结果见图 3-5
```

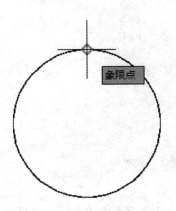

图 3-3　捕捉圆上端象限点

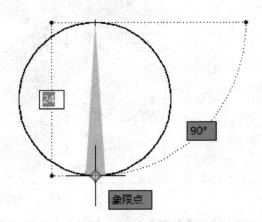

图 3-4　捕捉圆下端象限点

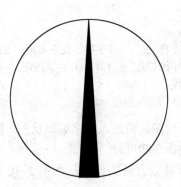

图 3-5　多段线绘制结果

3．标注指北针方向

（1）设置"汉字"文字样式。

单击【注释】面板的按钮 注释▼ ，展开注释面板，如图 3-6 所示。单击文字样式命令按钮 A，弹出【文字样式】对话框。单击【新建】按钮，弹出【新建文字样式】对话框，如图 3-7 所示，在【样式名】文本框中输入新样式名"汉字"，单击【确定】按钮，返回【文字样式】对话框。从【字体名】下拉列表框中选择"仿宋"字体，【宽度因子】文本框设置为 0.8，【高度】文本框保留默认的值 0，【文字样式】对话框如图 3-8 所示，依次单击【应用】按钮、【置为当前】按钮和【关闭】按钮。

图 3-6 展开注释面板

图 3-7 【新建文字样式】对话框

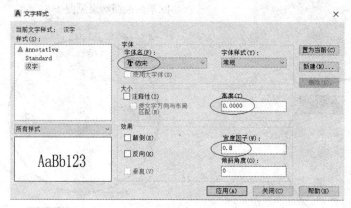

图 3-8 "汉字"文字样式

(2)单击【注释】面板中文字命令下侧的下三角号,选择单行文字命令 A 单行文字,如图 3-9 所示,命令行提示如下:

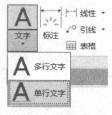

图 3-9 文字命令

```
命令: _text
当前文字样式: "汉字"  文字高度: 2.5000  注释性: 否  对正: 左
指定文字的起点 或 [对正(J)/样式(S)]:        //在指北针上侧一点单击左键
指定高度 <2.5000>: 3.5                    //输入 3.5 并回车,设置高度
指定文字的旋转角度 <0>:                    //回车,取默认的旋转角度 0
```

此时,绘图区将进入文字编辑状态,输入文字"北",回车换行,再一次回车结束命令即可。

(3)运用移动命令将"北"移到合适的位置,如图 3-10 所示。

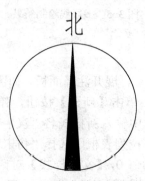

图 3-10 指北针绘制结果

注意：在绘图过程中，经常会用到一些特殊的符号，如直径符号、正负公差符号、度符号等，对于这些特殊的符号，可以运用单行文字命令绘制。AutoCAD 提供了相应的控制符来实现其输出功能，见表 3-1。

表 3-1 常用控制符

控 制 符	功 能
%%O	打开或关闭文字上划线
%%U	打开或关闭文字下划线
%%D	度（°）符号
%%P	正负公差（±）符号
%%C	圆直径（¢）符号

实例小结：多段线是由一条或多条直线段和圆弧段连接而成的一个单一对象。单行文字用来创建内容比较简短的文字对象，如图名、门窗标号等。如果当前使用的文字样式将文字的高度设置为 0，命令行将显示"指定高度："提示信息；如果文字样式中已经指定文字的固定高度，则命令行不显示该提示信息，使用文字样式中设置的文字高度。在命令行输入 DDEDIT 或 ED，可以对单行文字或多行文字的内容进行编辑。

任务 3.2　绘制门平面图

【**实例 1**】本实例运用矩形命令、圆弧命令等讲解内外开双扇门平面图的绘制方法，绘制结果如图 3-11 所示。

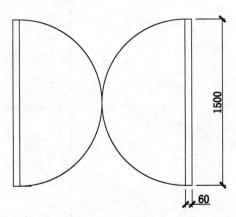

图 3-11　门平面图（M1）

步骤如下。

1）打开 AutoCAD 2019

双击 Windows 桌面上的 AutoCAD 2019 中文版图标，打开 AutoCAD 2019。

2）设置绘图界限

单击下拉菜单栏中的【格式】|【图形界限】命令，根据命令行提示指定左下角点为坐标原点，右上角点为"2000,2000"。

在命令行中输入 ZOOM 命令,回车后输入 A 选择"全部(A)"选项,显示图形界限。
3)绘制矩形
单击【绘图】面板中的矩形命令按钮,命令行提示如下:

```
命令:_rectang
指定第一个角点或 [倒角(C)/高程(E)/圆角(F)/厚度(T)/宽度(W)]:
                                            //在绘图区之内任意指定一点
指定另一个角点或 [面积(A)/尺寸(D)/旋转(R)]: d  //输入 d 并回车选择"尺寸"选项
指定矩形的长度 <50.0000>:60              //输入矩形的长度 60 并回车
指定矩形的宽度 <100.0000>:1500           //输入矩形的宽度 1500 并回车
指定另一个角点或 [面积(A)/尺寸(D)/旋转(R)]:  //指定矩形所在一侧的点以确定矩形的方向
```

绘图结果如图 3-12 所示。
4)绘制圆弧
单击【绘图】面板中圆弧按钮下侧的下三角号,选择【起点、端点、方向】选项,圆弧下拉按钮如图 3-13 所示,命令行提示如下:

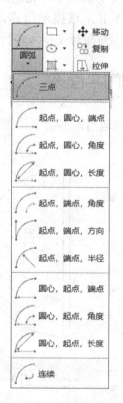

图 3-12 矩形绘制结果   图 3-13 圆弧下拉按钮

```
命令:_arc 指定圆弧的起点或 [圆心(C)]:        //捕捉 A 点作为圆弧的起点
指定圆弧的第二个点或 [圆心(C)/端点(E)]: _e
指定圆弧的端点:                            //捕捉 B 点作为圆弧的端点
指定圆弧的中心点(按住 Ctrl 键以切换方向)或 [角度(A)/方向(D)/半径(R)]:_d
```

指定圆弧起点的相切方向(按住 Ctrl 键以切换方向):
//沿 A 点水平向右极轴方向任取一点单击左键确定圆弧的起点切向

绘图结果如图 3-14 所示。

5）镜像图形

单击【修改】面板中的镜像命令按钮 ，命令行提示如下：

```
命令:_mirror
选择对象: 指定对角点: 找到 2 个        //选择图 3-14 中的矩形和圆弧
选择对象:                            //回车，结束对象选择状态
指定镜像线的第一点: 指定镜像线的第二点:
                //捕捉圆弧中点 C 及垂直方向上任意一点作为镜像线的第一点和第二点
要删除源对象吗？[是(Y)/否(N)] <N>:     //回车，不删除源对象
```

镜像结果如图 3-11 所示。

【实例 2】以门 2 平面图为例，讲解外开双扇门的绘制方法，绘制结果如图 3-15 所示。

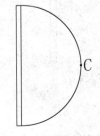
图 3-14 圆弧绘制结果

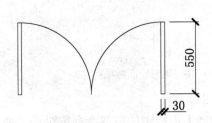
图 3-15 门 2 平面图（M2）

步骤如下。

1）打开 AutoCAD 2019

双击 Windows 桌面上的 AutoCAD 2019 中文版图标，打开 AutoCAD 2019。

2）设置绘图界限

单击下拉菜单栏中的【格式】|【图形界限】命令，根据命令行提示指定左下角点为坐标原点，右上角点为"1000,1000"。

在命令行中输入 ZOOM 命令，回车后输入 A 选择"全部(A)"选项，显示图形界限。

3）绘制矩形

单击【绘图】面板中的矩形命令按钮 ，命令行提示如下：

```
命令:_rectang
指定第一个角点或 [倒角(C)/高程(E)/圆角(F)/厚度(T)/宽度(W)]:
                                    //在绘图区之内任意指定一点
指定另一个角点或 [面积(A)/尺寸(D)/旋转(R)]: d    //输入 d 并回车选择"尺寸"选项
指定矩形的长度 <50.0000>:30           //输入矩形的长度 30 并回车
指定矩形的宽度 <100.0000>:550         //输入矩形的宽度 550 并回车
指定另一个角点或 [面积(A)/尺寸(D)/旋转(R)]:    //指定矩形所在一侧的点以确定矩形的方向
```

绘图结果如图 3-16 所示。

4）绘制圆弧

单击【绘图】面板中圆弧按钮下侧的下三角号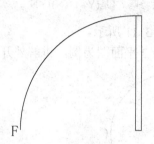，选择【起点、圆心、端点】选项，命令行提示如下：

命令：_arc
指定圆弧的起点或 [圆心(C)]：   //捕捉 D 点作为圆弧的起点
指定圆弧的第二个点或 [圆心(C)/端点(E)]：_c
指定圆弧的圆心：   //捕捉 E 点作为圆弧的圆心
指定圆弧的端点(按住 Ctrl 键以切换方向)或 [角度(A)/弦长(L)]：
                                     //沿 E 点水平向左极轴方向任意一点单击左键

绘图结果如图 3-17 所示。

图 3-16 矩形绘制结果   图 3-17 圆弧绘制结果

5）镜像图形

单击【修改】面板中的镜像命令按钮，命令行提示如下：

命令：_mirror
选择对象：指定对角点：找到 2 个   //选择图 3-17 中的矩形和圆弧
选择对象：   //回车，结束对象选择状态
指定镜像线的第一点：指定镜像线的第二点：
                //捕捉圆弧端点 F 及垂直方向上任意一点作为镜像线的第一点和第二点
要删除源对象吗？[是(Y)/否(N)] <N>：   //回车，不删除源对象

镜像结果如图 3-15 所示。

实例小结：本实例主要讲解平面图中门的绘制方法。建筑施工图平面图中，单扇门常绘制成 45 度角，在装饰施工图平面图中，单扇门常绘制成 90 度角。

任务 3.3 项目概况说明标注实例

本任务主要应用多行文字命令创建项目概况说明，如图 3-18 所示。

项目概况：
1.本工程位于沈阳，具体位置详见总平面图。
2.本工程总建筑面积700.80平方米，基底面积为245.97平方米。
3.建筑层数、高度：三层，建筑主体高度11.22米。
4.设计内容：本工程为办公楼。
5.建筑结构形式为框架结构，正常使用年限为50年，抗震设防烈度为7度。

图 3-18 项目概况说明

步骤:

(1)单击【注释】面板的按钮 注释▾,展开【注释】面板,如图 3-6 所示。单击文字样式命令按钮 A,弹出【文字样式】对话框。单击【新建】按钮,弹出【新建文字样式】对话框,如图 3-7 所示,在【样式名】文本框中输入新样式名"汉字",单击【确定】按钮,返回【文字样式】对话框。从【字体名】下拉列表框中选择"仿宋"字体,【宽度因子】文本框设置为 0.8,【高度】文本框保留默认的值 0,如图 3-8 所示,依次单击【应用】按钮、【置为当前】按钮和【关闭】按钮。

(2)单击【注释】面板中的多行文字命令按钮 A,命令行提示如下:

命令: _mtext
当前文字样式:"汉字"   文字高度: 3.5   注释性: 否
指定第一角点: //在绘图区任意一点单击
指定对角点或 [高度(H)/对正(J)/行距(L)/旋转(R)/样式(S)/宽度(W)/栏(C)]:
                      //指定矩形框的另一角点,弹出【文字编辑器】工具栏和文字窗口

在【文字编辑器】工具栏中,选择"汉字"文字样式,文字高度设置为 50。在文字窗口中输入相应的项目概况说明,如图 3-19 所示,单击【关闭文字编辑器】按钮。

图 3-19 【文字编辑器】工具栏和文字窗口内容

注意:多行文字可以包含不同高度的字符。要使用堆叠文字,文字中必须包含插入符(^)、正向斜杠(/)或磅符号(#)。选中要进行堆叠的文字,单击鼠标右键,然后在快捷菜单中单击"堆叠",即可将堆叠字符左侧的文字堆叠在右侧的文字之上。选中堆叠文字,单击鼠标右键,选择"堆叠特性",弹出【堆叠特性】对话框,如图 3-20 所示。"文字"选项可以分别编辑上面和下面的文字,"外观"选项控制堆叠文字的堆叠样式、位置和大小。

图 3-20 【堆叠特性】对话框

任务小结:多行文字命令用来创建内容较多、较复杂的多行文字,无论创建的多行文字包含多少行,AutoCAD 都将其作为一个单独的对象操作。

任务 3.4 工程标注实例

工程标注是工程图纸的重要组成部分,它可以反映图纸的设计尺寸,准确地表达图纸的设

计意图。工程标注包括线性标注、对齐标注、半径标注、直径标注、引线标注、坐标标注等。

任务 3.4.1　标注菜单和标注面板

AutoCAD 2019 的标注命令和标注编辑命令都集中在【标注】菜单和【标注】面板中。利用这些标注命令可以方便地进行各种尺寸标注。

（1）单击快速访问工具栏右侧的下三角号，如图 3-21 所示，弹出自定义快速访问工具栏菜单，如图 3-22 所示，选择"显示菜单栏"选项，将在 AutoCAD 2019 的界面显示菜单。单击【标注】菜单，将弹出图 3-23 所示的【标注】子菜单，可以执行各个标注命令。

（2）单击【注释】选项卡，再单击【标注】面板中线性命令右侧的三角号，弹出各种标注命令，如图 3-24 所示。

图 3-21　快速访问工具栏　　图 3-22　自定义快速访问工具栏

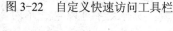

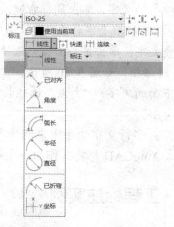

图 3-23　【标注】菜单　　图 3-24　【标注】面板中的标注命令

任务 3.4.2 创建"建筑"标注样式

本任务以"建筑"标注样式的创建为例讲解标注样式的创建过程,步骤如下。

1. 设置"数字"文字样式

激活【默认】选项卡。单击【注释】面板中的文字样式命令按钮 ,弹出【文字样式】对话框。新建"数字"文字样式,设置其字体为"Simplex.shx",宽度比例为 0.8。将"数字"文字样式置为当前。

2. 新建"建筑"标注样式

(1)单击下拉菜单栏中的【标注】|【标注样式】命令,也可以单击【注释】面板中的 按钮,或者在命令行输入 DIMSTYLE 或 D,将弹出【标注样式管理器】对话框,如图 3-25 所示。

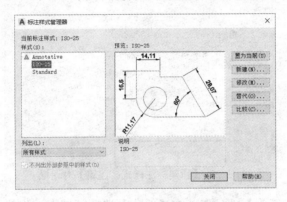

图 3-25 【标注样式管理器】对话框

注意:在【样式】列表框中列出了当前文件所设置的所有标注样式,【预览】显示框用来显示【样式】列表框中所选的尺寸标注样式。【置为当前】按钮可以将【样式】列表框中所选的尺寸标注样式设置为当前样式,【新建】按钮可新建尺寸标注样式,【修改】按钮可修改当前选中的尺寸标注样式。

(2)单击【新建】按钮,弹出【创建新标注样式】对话框,选择【基础样式】为"ISO-25",在【新样式名】文本框中输入"建筑"样式名,如图 3-26 所示。

注意:【基础样式】下拉列表框可以选择新建标注样式的模板,新建的标注样式将在基础样式的基础上进行修改。

(3)单击【继续】按钮,将弹出【新建标注样式:建筑】对话框,单击【线】选项卡,将【尺寸界线】选项区域中的【超出尺寸线】设置为 2,【起点偏移量】值设置为 2,如图 3-27 所示。

图 3-26 【创建新标注样式】对话框

注意:【新建标注样式:建筑】对话框包含【线】【符号和箭头】【文字】【调整】【主单位】【换算单位】【公差】七个选项卡。各选项卡的功能及作用如下。

- 【线】选项卡:用来设置尺寸线及尺寸界线的格式和位置。
- 【符号和箭头】选项卡:用来设置箭头及圆心标记的样式和大小、弧长符号的样式、半径折弯角度等参数。
- 【文字】选项卡：用来设置文字的外观、位置、对齐方式等参数。
- 【调整】选项卡：用来设置标注特征比例、文字位置等，还可以根据尺寸界线的距离设置文字和箭头的位置。
- 【主单位】选项卡：用来设置主单位的格式和精度。
- 【换算单位】选项卡：用来设置换算单位的格式和精度。
- 【公差】选项卡：用来设置公差的格式和精度。

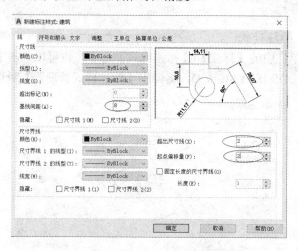

图 3-27 【新建标注样式：建筑】对话框

（4）单击【符号和箭头】选项卡，在【箭头】选项区域中，将箭头的格式设置为"建筑标记"，箭头大小设置为"1.5"，如图 3-28 所示。

（5）单击【文字】选项卡，在【文字外观】选项区域中，从【文字样式】下拉列表框中选择"数字"文字样式，【文字高度】文本框设置为 3，如图 3-29 所示。

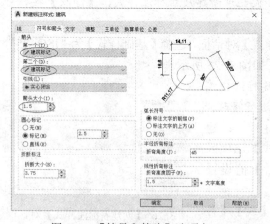

图 3-28 【符号和箭头】选项卡

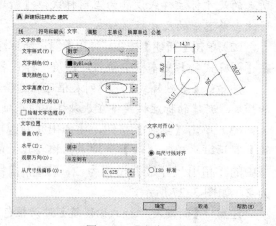

图 3-29 【文字】选项卡

（6）单击【调整】选项卡，在【文字位置】选项区域中，选择"尺寸线上方，不带引线"单选按钮，如图 3-30 所示。

注意：实际绘图时，需要根据比例调整全局比例。例如：出图比例为 1∶100，可将全局比例设置为 100，使得 AutoCAD 中尺寸标注的各项值等于标注样式管理器对话框中的对应值乘以 100。

（7）单击【主单位】选项卡，将【线性标注】选项区域的【单位格式】设置为"小数"，【精度】设置为"0"，如图 3-31 所示。

（8）单击【确定】按钮，回到【标注样式管理器】对话框，在【样式】列表框中选择"建筑"标注样式，单击【置为当前】按钮，将当前样式设置为"建筑"标注样式，单击【关闭】按钮，完成"建筑"标注样式的设置。

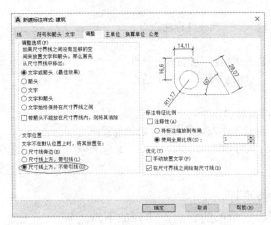

图 3-30　【调整】选项卡

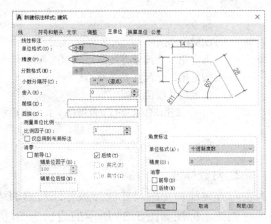

图 3-31　【主单位】选项卡

任务小结：本任务主要介绍绘制工程图纸时常用的"建筑"标注样式的设置方法。实际标注时可根据具体情况稍加修改。

任务 3.4.3　常用标注命令及功能

1．线性标注

线性标注命令可以创建水平尺寸、垂直尺寸及旋转型尺寸标注。

例如：标注如图 3-32 所示的矩形尺寸，步骤如下。

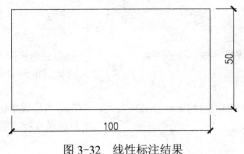

图 3-32　线性标注结果

（1）设置"建筑"标注样式为当前尺寸标注样式。

（2）标注水平尺寸。

激活【注释】选项卡，单击【标注】面板中的线性命令按钮，命令行提示如下：

```
命令: _dimlinear
指定第一个尺寸界线原点或 <选择对象>:     //捕捉矩形的左下角点
指定第二个尺寸界线原点:                  //捕捉矩形的右下角点
指定尺寸线位置或
[多行文字(M)/文字(T)/角度(A)/水平(H)/垂直(V)/旋转(R)]:
                                         //在适当位置单击左键确定尺寸线的位置
标注文字 = 100                           //显示标注尺寸值
```

(3) 标注垂直尺寸。

```
命令:                                    //回车,输入上一次线性标注命令
DIMLINEAR
指定第一个尺寸界线原点或 <选择对象>:     //捕捉矩形的右下角点
指定第二个尺寸界线原点:                  //捕捉矩形的右上角点
指定尺寸线位置或
[多行文字(M)/文字(T)/角度(A)/水平(H)/垂直(V)/旋转(R)]:
                                         //在适当位置单击左键确定尺寸线的位置
标注文字 = 50                            //显示标注尺寸值
```

2. 对齐标注

对齐标注命令的尺寸线与被标注对象的边保持平行。

例如,标注如图 3-33 所示的边长为 50 的等边三角形的斜边,步骤如下。

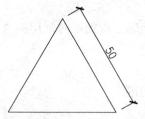

图 3-33 对齐标注结果

(1) 设置"建筑"标注样式为当前尺寸标注样式。

(2) 单击【标注】面板中 线性 按钮右侧的下三角号,选择对齐命令按钮 对齐,命令行提示如下:

```
命令: _dimaligned
指定第一个尺寸界线原点或 <选择对象>:     //捕捉三角形的右下端点
指定第二个尺寸界线原点:                  //捕捉三角形的上端点
指定尺寸线位置或
[多行文字(M)/文字(T)/角度(A)]:           //在适当位置单击
标注文字 = 50                            //显示尺寸标注的值
```

3. 半径标注

半径标注命令可以标注圆或圆弧的半径。

例如,标注如图 3-34 所示的圆的半径,步骤如下。

(1) 设置系统默认的"ISO-25"标注样式为当前尺寸标注样式。

(2) 单击【标注】面板中 线性 按钮右侧的下三角号,选择半径命令按钮 半径,命令

行提示如下:

命令: _dimradius
选择圆弧或圆: //选择圆
标注文字 = 25
指定尺寸线位置或 [多行文字(M)/文字(T)/角度(A)]:   //在适当位置单击

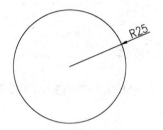

图 3-34 半径标注结果

4. 直径标注

直径标注命令可以标注圆或圆弧的直径。

例如,标注如图 3-35 所示的圆的直径,步骤如下。

(1) 设置系统默认的"ISO-25"标注样式为当前尺寸标注样式。

(2) 单击【标注】面板中 线性 按钮右侧的下三角号,选择直径命令按钮 直径 ,命令行提示如下:

命令: _dimdiameter
选择圆弧或圆: //选择圆
标注文字 = 40
指定尺寸线位置或 [多行文字(M)/文字(T)/角度(A)]:   //在适当位置单击

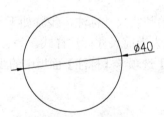

图 3-35 直径标注结果

5. 角度标注

角度标注命令可以标注圆弧或两条直线的角度。

例如,标注如图 3-36 所示的圆弧的角度,步骤如下。

(1) 设置系统默认的"ISO-25"标注样式为当前尺寸标注样式。

(2) 单击【标注】面板中 线性 按钮右侧的下三角号,选择角度命令按钮 角度 ,命令行提示如下:

命令: _dimangular
选择圆弧、圆、直线或 <指定顶点>:   //选择圆弧
指定标注弧线位置或 [多行文字(M)/文字(T)/角度(A)/象限点(Q)]:

```
                标注文字 = 120                              //在适当位置单击
                                                          //显示标注结果
```

例如，标注如图 3-37 所示的两条直线的角度，步骤如下。
（1）设置系统默认的"ISO-25"标注样式为当前尺寸标注样式。
（2）单击【标注】面板中 线性 ▼ 按钮右侧的下三角号，选择角度命令按钮 △ 角度，命令行提示如下：

```
命令: _dimangular
选择圆弧、圆、直线或 <指定顶点>:              //选择直线 AB（图 3-37）
选择第二条直线:                              //选择直线 AC
指定标注弧线位置或 [多行文字(M)/文字(T)/角度(A)/象限点(Q)]:
                                            //在适当位置单击
标注文字 = 45                                //显示标注结果
```

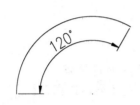

图 3-36 圆弧角度标注结果

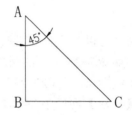

图 3-37 直线夹角标注结果

6. 基线标注

基线标注命令可以创建一系列由相同的标注原点测量出来的标注。各个尺寸标注具有相同的第一条尺寸界线。基线标注命令在使用前，必须先创建一个线性标注、角度标注或坐标标注作为基准标注。

例如，标注如图 3-38 所示的基线尺寸标注，步骤如下。
（1）设置"建筑"标注样式为当前尺寸标注样式。
（2）线性标注。单击【注释】选项卡【标注】面板中的线性命令按钮 ├─┤，命令行提示如下：

```
命令: _dimlinear
指定第一个尺寸界线原点或 <选择对象>:          //捕捉 A 点（图 3-38）
指定第二个尺寸界线原点:                      //捕捉 B 点
指定尺寸线位置或
[多行文字(M)/文字(T)/角度(A)/水平(H)/垂直(V)/旋转(R)]:    //在适当位置单击
标注文字 = 30                                //显示标注结果
```

（3）基线标注。单击【注释】选项卡【标注】面板中连续命令按钮 ├┼┤ 连续 ▼ 右侧的下三角号，选择基线命令按钮 ├┬┤ 基线，命令行提示如下：

```
命令: _dimbaseline
指定第二个尺寸界线原点或 [选择(S)/放弃(U)] <选择>:    //捕捉 C 点
标注文字 = 60
指定第二个尺寸界线原点或 [选择(S)/放弃(U)] <选择>:    //捕捉 D 点
标注文字 = 90
```

指定第二个尺寸界线原点或 [选择(S)/放弃(U)] <选择>:   //回车
选择基准标注: //回车

结果如图 3-38 所示。

注意:
（1）基线标注命令各选项含义如下。
- 放弃(U): 表示取消前一次基线标注尺寸。
- 选择(S): 该选项可以重新选择基线标注的基准标注。

（2）各个基线标注尺寸的尺寸线之间的间距可以在如图 3-27 所示的尺寸标注样式中设置，在【线】选项卡的【尺寸线】选项区域中，【基线间距】的值即为基线标注各尺寸线之间的间距值。

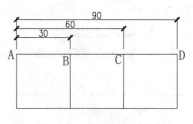

图 3-38　基线标注结果

7. 连续标注

连续标注命令可以创建一系列端对端的尺寸标注，后一个尺寸标注把前一个尺寸标注的第二个尺寸界线作为它的第一个尺寸界线。与基线标注命令一样，连续标注命令在使用前，也得先创建一个线性标注、角度标注或坐标标注作为基准标注。

例如，标注如图 3-39 所示的连续尺寸标注，步骤如下。

（1）设置"建筑"标注样式为当前尺寸标注样式。

（2）运用线性标注命令标注 A 点和 B 点之间的尺寸，两条尺寸界线原点分别为 A 点和 B 点，标注文字为 30。

（3）连续标注。单击【标注】面板中的连续命令按钮 ，命令行提示如下：

```
命令: _dimcontinue
指定第二个尺寸界线原点或 [选择(S)/放弃(U)] <选择>:    //捕捉 C 点（图 3-39）
标注文字 = 30
指定第二个尺寸界线原点或 [选择(S)/放弃(U)] <选择>:    //捕捉 D 点
标注文字 = 30
指定第二个尺寸界线原点或 [选择(S)/放弃(U)] <选择>:    //回车
选择连续标注:    //回车
```

结果如图 3-39 所示。

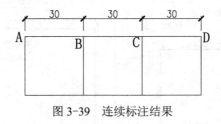

图 3-39　连续标注结果

任务 3.5　绘制建筑样板图

AutoCAD 2019 软件提供了许多样板图文件，但由于是美国 Autodesk 公司开发的，其中的样板图都不符合我国国家标准，因而需要建立样板图。

任务 3.5.1 建筑相关知识

1. 幅面及图框尺寸

根据 GB/T 50001—2017 的规定，建筑工程图纸的幅面及图框尺寸应符合表 3-2 的规定。

表 3-2 图纸幅面及图框尺寸（mm）

尺寸代号 \ 幅面代号	A0	A1	A2	A3	A4
$b \times l$	841×1189	594×841	420×594	297×420	210×297
c	10	10	10	5	5
a	25	25	25	25	25

图纸的短边一般不应加长，长边可加长，但应符合表 3-3 的规定。

表 3-3 图纸长边加长尺寸（mm）

幅面代号	长边尺寸	长边加长后尺寸
A0	1189	1486 1635 1783 1932 2080 2230 2378
A1	841	1051 1261 1471 1682 1892 2102
A2	594	743 891 1041 1189 1338 1486 1635 1783 1932 2080
A3	420	630 841 1051 1261 1471 1682 1892

注：有特殊需要的图纸，可采用 $b \times l$ 为 841 mm×891 mm 与 1189 mm×1261 mm 的幅面。

图纸以短边作为垂直边称为横式，以短边作为水平边称为立式。一般 A0～A3 图纸宜横式使用，必要时，也可立式使用。

2. 图框线

图框格式如图 3-40 所示。图框线和标题栏线的宽度，可根据图纸幅面的大小参照表 3-4 选用。图线的基本线宽 b，宜按照图纸比例及图纸性质从 1.4 mm、1.0 mm、0.7 mm、0.5 mm 线宽系列中选取。每个图样，应根据复杂程序与比例大小，先选定基本线宽 b，再选用表 3-5 中相应的线宽组。

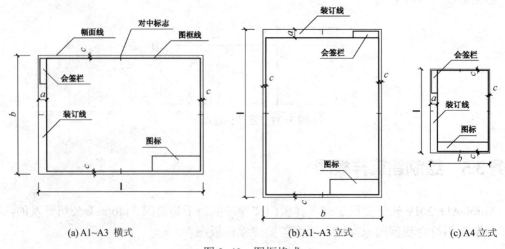

图 3-40 图框格式

表 3-4　图框和标题栏线的宽度（mm）

幅面代号	图框线	标题栏外框线 对中标志	标题栏分格线幅面线
A0、A1	b	$0.5b$	$0.25b$
A2、A3、A4	b	$0.7b$	$0.35b$

表 3-5　线宽组（mm）

线宽比	线宽组			
b	1.4	1.0	0.7	0.5
$0.7b$	1.0	0.7	0.5	0.35
$0.5b$	0.7	0.5	0.35	0.25
$0.25b$	0.35	0.25	0.18	—

任务 3.5.2　绘制建筑样板图

用 AutoCAD 绘图时，每次都要确定图幅、绘制边框、标题栏等，对这些重复的设置，可以建立样板图，绘图时直接调用，以避免重复劳动，提高绘图效率。

下面介绍绘制建筑样板图的方法，样板图中的标题栏为学生做作业时常用的格式。

1．创建新图形

单击快速访问工具栏中的新建按钮，弹出【选择样板】对话框，如图 3-41 所示。选择【名称】下拉列表框中的"acadiso.dwt"文件，单击【打开】按钮，新建一个 AutoCAD 文件。

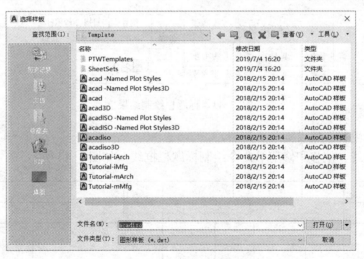

图 3-41　【选择样板】对话框

2．设置图层

（1）单击【图层】面板中的图层特性按钮，弹出【图层特性管理器】对话框，设置图层，结果如图 3-42 所示。

（2）单击【图层特性管理器】对话框左上角的按钮，关闭【图层特性管理器】对话框。

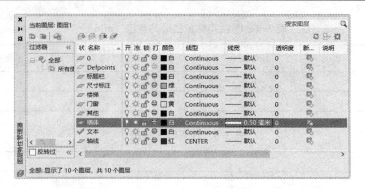

图 3-42 【图层特性管理器】对话框

3．设置文字样式

（1）单击【注释】面板中的文字样式命令按钮，弹出【文字样式】对话框。建立两个文字样式："汉字"样式和"数字"样式。"汉字"样式采用"仿宋"字体，宽度比例设为 0.8，用于填写工程做法、标题栏、会签栏、门窗列表中的汉字样式等；"数字"样式采用"Simplex.shx"字体，宽度比例设为 0.8，用于书写数字及特殊字符。

（2）单击【关闭】按钮关闭【文字样式】对话框。

4．设置标注样式

单击【注释】面板中的标注样式命令按钮，弹出【标注样式管理器】对话框，新建"建筑"标注样式，设置方法与任务 3.4.2 相同。

5．绘制标题栏，如图 3-43。

（学校名称）			NO	图号	日期	绘图日期
			批阅			成绩
姓名	某人	专业	某专业	（图名）		
班级	某班	学号	某学号			

图 3-43 标题栏绘制结果

（1）将"标题栏"层设置为当前层。

（2）利用直线、偏移和修剪等命令绘制标题栏框线，如图 3-44 所示。

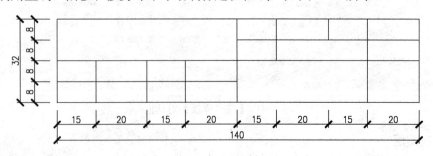

图 3-44 标题栏尺寸

（3）输入标题栏内的文字。

将"汉字"样式设置为当前文字样式。在命令行中输入 TEXT 命令并回车，命令行提示：

命令: TEXT
当前文字样式: "汉字" 文字高度: 2.5000 注释性: 否 对正: 左
指定文字的起点 或 [对正(J)/样式(S)]: j   //输入 j 并回车选择"对正"选项
输入选项 [左(L)/居中(C)/右(R)/对齐(A)/中间(M)/布满(F)/左上(TL)/中上(TC)/右上(TR)/左中(ML)/正中(MC)/右中(MR)/左下(BL)/中下(BC)/右下(BR)]: mc
　　　　　　　　　　　　　　　　　　　　//选择"正中（MC）"选项
指定文字的中间点: //该点位于图 3-45 中两条对象追踪线的交点处
指定高度 <2.5000>: 3.5   //输入 3.5 并回车，设置文字高度
指定文字的旋转角度 <0>:   //回车

进入文字书写状态，输入文字"姓名"，两次按回车键结束命令。

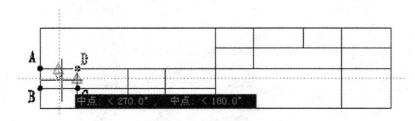

图 3-45　文字中间点位置图

注意：需用打断于点命令 将文字周围线的交点打断，即需在图 3-45 中 A、B、C、D 四个点处打断相应的直线段。

（4）运用复制命令可以复制其他几组字，然后在命令行中输入文字修改命令 ED 并回车，依次修改各个文字内容，结果如图 3-46 所示。

（5）单击【块】面板中的定义属性按钮 ，弹出【属性定义】对话框，设置其参数如图 3-47 所示，单击【确定】按钮，在绘图区之内拾取即将写入的文字所在位置的正中点，块属性定义结束，结果如图 3-48 所示。

图 3-46　加入文字之后的标题栏　　　　图 3-47　【属性定义】对话框及其设置

（6）同样，可以为其他的文字定义属性。"图名"的字高为 5，其他文字的字高为 3.5。结果如图 3-49 所示。

（学校名称）		NO		日期	
		批阅		成绩	
姓名		专业			
班级		学号			

图 3-48 属性定义结果

（学校名称）		NO	图号	日期	绘图日期
		批阅			成绩
姓名	某人	专业	某专业	（图名）	
班级	某班	学号	某学号		

图 3-49 属性定义最终结果

（7）修改图框线的线宽为 1.0，标题栏外框线的线宽为 0.7，标题栏内格线的线宽为 0.35。

注意：图框线和标题栏线的宽度可参考表 3-4 和表 3-5。

（8）单击【块】面板中的创建块命令按钮 创建，弹出如图 3-50 所示的【块定义】对话框。

图 3-50 【块定义】对话框

（9）在名称下拉列表框中输入块的名称"标题栏"，单击拾取点按钮 ，捕捉标题栏的右下角角点作为块的基点；单击选择对象按钮 ，选择标题栏线及其内部文字，选择【删除】单选按钮，单击【确定】按钮，块定义结束。

6. 将该文件保存为样板图文件

单击快速访问工具栏中的保存命令按钮 ，打开【图形另存为】对话框。从【文件类型】下拉列表中选择"AutoCAD 图形样板（*.dwt）"，输入文件名称"建筑图模板"，单击【保存】按钮，在弹出的样板说明对话框中输入说明"建筑用模板"，单击【确定】按钮，完成设置。

【项目小结】

本项目主要讲解常用建筑图元的绘制方法，工程标注的方法，并以建筑用样板图为例详细讲解了样板图的制作过程。如果用户在绘图中还有很多常用的图块或设置，均可以用相同的方法加入到模板文件中。

思考与练习

1. 思考题

（1）复制命令与镜像命令有何区别？

（2）修剪命令与延伸命令有何区别与联系？
（3）构造选择集有哪几种方式？
（4）对象编组的作用是什么？
（5）环形阵列与矩形阵列各适用于哪种情况使用？

2．连线题

将左侧的命令与右侧的功能连接起来。

命令	功能
ERASE	镜像
MIRROR	复制
COPY	删除
ARRAY	阵列
EXPLODE	修剪
TRIM	延伸
EXTEND	圆角
FILLET	分解
STRETCH	拉伸
SCALE	缩放
CHAMFER	旋转
MOVE	移动
ROTATE	倒角

3．选择题

（1）移动命令的快捷键是（　　）。
  A．RO B．M C．CO D．SC

（2）运用延伸命令延伸对象时，在"选择延伸的对象"提示下，按住（　　）键，可以由延伸对象状态变为修剪对象状态。
  A．Alt B．Ctrl C．Shift D．以上均可

（3）分解命令 EXPLODE 可分解的对象有（　　）。
  A．尺寸标注 B．块 C．多段线 D．图案填充
  E．以上均可

（4）设置图形界限的命令是（　　）。
  A．SNAP B．LIMITS C．UNITS D．GRID

（5）当使用移动命令和复制命令编辑对象时，两个命令具有的相同功能是（　　）。
  A．对象的尺寸不变
  B．对象的方向被改变了
  C．原实体保持不变，增加了新的实体
  D．对象的基点必须相同

4．绘图题

绘制下列各家具图。

（1）柜台平面图，如图3-51所示。

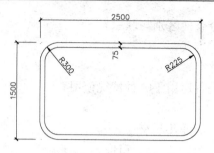

图 3-51 柜台平面图

（2）沙发平面图，如图 3-52 所示。

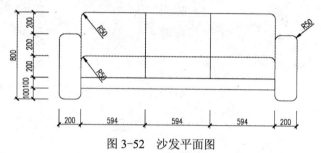

图 3-52 沙发平面图

（3）桌椅平面图，如图 3-53 所示。

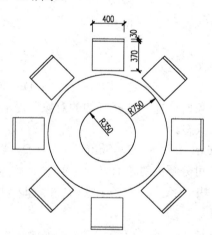

图 3-53 桌椅平面图

项目 4　绘制建筑总平面图

从本项目开始，将以一幢办公楼的施工图为例系统讲述利用 AutoCAD 2019 绘制建筑施工图的方法。本项目主要讲述建筑总平面图的绘制方法和过程。

建筑总平面图是假设在建设区的上空向下投影所得的水平投影图，它主要表达拟建房屋的位置和朝向与原有建筑物的关系，周围道路、绿化布置及地形地貌等内容。建筑总平面图可作为拟建房屋定位、施工放线、土方施工、场地布置及管线设计的重要依据。

本项目将以图 4-1 所示的某办公楼总平面图为例，详细讲述建筑总平面图的绘制过程。具体过程如下：

- 设置绘图环境
- 绘制原有建筑
- 绘制新建建筑
- 绘制草坪
- 标注标高和文字
- 标注尺寸
- 绘制风向频率玫瑰图、图名和比例

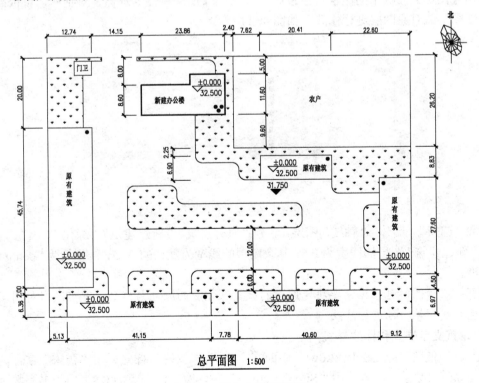

图 4-1　某办公楼总平面图

任务 4.1　设置绘图环境

1．使用样板创建新图形文件

单击快速访问工具栏中的新建命令按钮，弹出【选择样板】对话框。从【查找范围】下拉列表框和【名称】列表框选择项目 3 建立的样板文件"建筑图模板.dwt"所在的路径并选中该文件，单击【打开】按钮，进入 AutoCAD 2019 绘图界面。

2．设置绘图区域

单击下拉菜单栏中的【格式】|【图形界限】命令，命令行提示如下：

```
命令: '_limits
重新设置模型空间界限：
指定左下角点或 [开(ON)/关(OFF)] <0.0000,0.0000>:        //回车默认左下角坐标为 0,0
指定右上角点 <420.0000,297.0000>: 210000,148500
                                                //指定右上角坐标为 210000,148500
```

注意：本例中采用 1∶1 的比例绘图，而按三号图纸 1∶500 的比例出图，所以设置的绘图范围长 420×500=210 000，宽 297×500=148 500。对应的图框线和标题栏需放大 500 倍。

3．显示全部作图区域

在命令行中输入 ZOOM 命令并回车，再输入 A 并回车，选择"全部(A)"选项，显示图形界限。

4．修改图层

单击【图层】面板中的图层特性按钮，弹出【图层特性管理器】对话框，可依绘图需要创建新图层或对原图层进行修改。如图 4-2 所示。

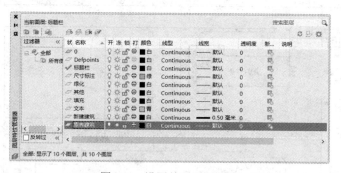

图 4-2　设置总平面图图层

删除"门窗""墙体""轴线"图层，新建"原有建筑""新建建筑""绿化""填充"图层，并设置"新建建筑"图层的线宽为 0.5，其余图层的线宽为默认的 0.25，线型均为"continuous"实线线型。

注意：在绘图时可根据需要决定图层的数量及相应的颜色与线型。也可随时对图层及图层的颜色和线型等特性进行修改。

5．设置文字样式和标注样式

（1）本例使用"建筑图模板.dwt"中的文字样式，"汉字"样式采用"仿宋"字体，宽度比例设为 0.8；"数字"样式采用"Simplex.shx"字体，宽度比例设为 0.8，用于书写数字及特殊字符。

（2）单击【默认】选项卡【注释】面板中的【标注样式】命令按钮，弹出【标注样式管理器】对话框，选择"建筑"标注样式，然后单击【修改】按钮，弹出【修改标注样式：建筑】对话框，将【调整】选项卡【标注特征比例】中的"使用全局比例"修改为 500，如图 4-3 所示。单击【主单位】选项卡，将【线性标注】中的"精度"修改为 0.00，将【测量单位比例】中的"比例因子"修改为 0.001，如图 4-4 所示。然后单击【确定】按钮，退出【修改标注样式：建筑】对话框，再单击【标注样式管理器】对话框中的【关闭】按钮，完成标注样式的设置。

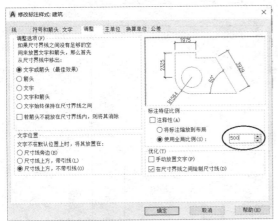

图 4-3　设置使用全局比例为"500"

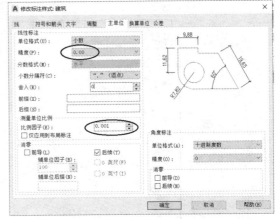

图 4-4　设置【主单位】选项卡

6. 完成设置并保存文件

单击快速访问工具栏中的保存命令按钮，打开【图形另存为】对话框。输入文件名称"某办公楼总平面图"，单击【图形另存为】对话框中的【保存】命令按钮保存文件。

至此，绘图环境的设置已基本完成，这些设置对于绘制一幅高质量的工程图纸而言非常重要。

注意： 虽然在开始绘图前，已经对图形单位、界限、图层等设置过了，但是在绘图过程中，仍然可以对它们进行重新设置，以避免在绘图时因设置不合理而影响绘图。

任务 4.2　绘制原有建筑

1. 打开文件

打开上一任务存盘的文件"某办公楼总平面图.dwg"，将"其他"层设置为当前层。启用"极轴追踪""对象捕捉""对象捕捉追踪"功能，设置对象捕捉方式为"端点""中点""交点""范围"捕捉方式。

2. 绘制轮廓线

单击【绘图】面板中的矩形命令按钮，命令行提示：

　　命令: _rectang
　　指定第一个角点或 [倒角(C)/标高(E)/圆角(F)/厚度(T)/宽度(W)]:

指定另一个角点或 [面积(A)/尺寸(D)/旋转(R)]: d　　//绘图区内任意一点单击
指定矩形的长度 <10.0000>: 103780　　//输入 d 并回车选择"尺寸"选项
指定矩形的宽度 <10.0000>: 74100　　//输入矩形的长度 103780 并回车
指定另一个角点或 [面积(A)/尺寸(D)/旋转(R)]:　　//输入矩形的宽度 74100 并回车
　　　　　　　　　　　　　　　　　　　　　　//合适方向单击左键

3. 绘制原有建筑

将"原有建筑"层设置为当前层。运用矩形命令绘制原有建筑，原有建筑的尺寸如图 4-5 所示。

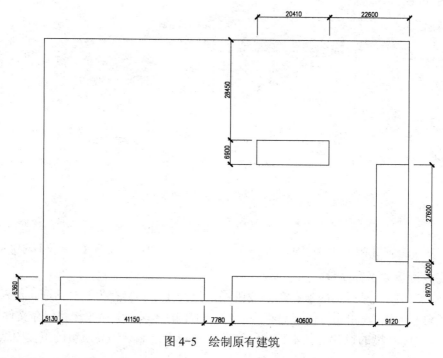

图 4-5　绘制原有建筑

4. 绘制农户、门卫和大门

运用矩形命令在总平面图的右上角绘制农户，左上角绘制门卫，并运用打断命令修剪大门。如图 4-6 所示。

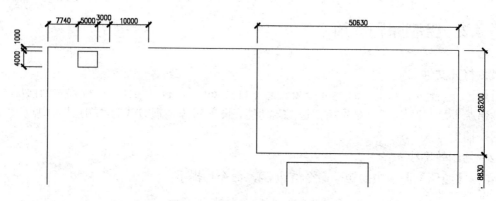

图 4-6　绘制农户、门卫和大门

修剪大门的操作步骤如下。

单击【修改】面板中的分解命令按钮，命令行提示：

命令：_explode
选择对象：找到 1 个　　　　　　//选择总平面图的外轮廓线
选择对象：　　　　　　　　　　//回车，将矩形分解成四条直线

单击【修改】面板中的打断命令按钮，命令行提示：

命令：_break
选择对象：　　　　　　　　　　//选择轮廓线上边直线
指定第二个打断点 或 [第一点(F)]: f　//输入 f 并回车选择"第一点"选项
指定第一个打断点：15740　　　　//从轮廓线左上角点右追踪 15740 确定第一个打断点
指定第二个打断点：25740　　　　//从轮廓线左上角点右追踪 25740 确定第二个打断点

任务 4.3　绘制新建建筑

将"新建建筑"层设置为当前层。运用矩形命令、直线命令等绘制新建建筑，新建建筑的尺寸如图 4-7 所示。

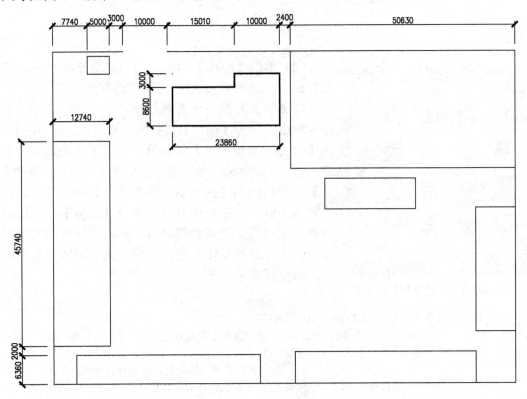

图 4-7　绘制新建建筑

注意：新建建筑物用粗实线表示，原有建筑物用细实线表示。

任务 4.4　绘制草坪

绘制草坪步骤如下。

（1）将"绿化"图层置为当前。用直线命令绘制室外草坪轮廓线，用圆角命令绘出半径为 2000 的圆角，如图 4-8 所示。

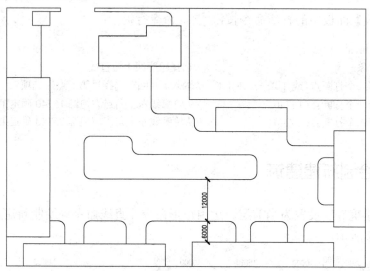

图 4-8　绘制草坪轮廓线

图 4-9　【填充图案选项板】对话框

（2）单击【绘图】面板中的图案填充命令按钮，根据命令行提示输入"T"并回车选择"设置"选项，弹出【图案填充和渐变色】对话框。在【类型和图案】选项区域中，单击【图案】下拉列表框右侧的按钮，弹出【填充图案选项板】对话框。单击【其他预定义】标签，选择"GRASS"填充类型，如图 4-9 所示。单击【确定】按钮，回到【图案填充和渐变色】对话框，将比例设置为 100，如图 4-10 所示。单击【边界】选项区域的拾取点按钮，进入绘图区域，在将要填充图案的封闭图形的内部依次单击左键，选择完成后按回车键结束命令。命令行提示如下：

命令: _hatch
　　拾取内部点或 [选择对象(S)/放弃(U)/设置(T)]: t
　　　　　　//输入 t 并回车选择"设置"选项，弹出【图案填充和渐变色】对话框（图 4-10）
　　拾取内部点或 [选择对象(S)/放弃(U)/设置(T)]:
　　　　　　　　//依次在填充图案的封闭边界内部单击左键
　　拾取内部点或 [选择对象(S)/放弃(U)/设置(T)]: 正在选择所有对象...
　　正在选择所有可见对象...
　　正在分析所选数据...
　　正在分析内部孤岛...
　　……

填充图案边界选好后，回车结束命令。

绘图结果如图 4-11 所示。

图 4-10 【图案填充和渐变色】对话框

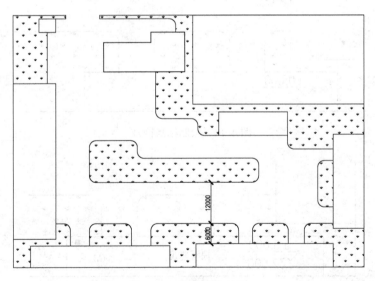

图 4-11 填充图案结果

任务 4.5　标注标高和文字

根据《房屋建筑制图统一标准》，标高符号的尺寸如图 4-12 所示。绘图时，标高符号的垂直高度应乘以出图比例，比如以 1∶500 的比例绘制总平面图，标高符号的高度应为 1500，如图 4-13 所示。

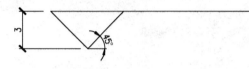
图 4-12　1∶1 标高符号尺寸

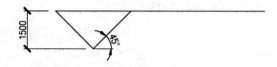
图 4-13　1∶500 标高符号尺寸

在总平面图左下角的原有建筑内部以 1∶500 的比例（图 4-13）绘制标高符号，并用单行文字命令写±0.000，命令行提示如下：

```
命令: TEXT
当前文字样式: "数字"  文字高度: 300.0000  注释性: 否  对正: 左
指定文字的起点 或 [对正(J)/样式(S)]:           //在标高符号上侧单击左键
指定高度 <300.0000>: 1500                      //输入文字高度 1500 并回车
指定文字的旋转角度 <0>:                         //回车
```

在文字书写状态输入"%%P"，两次回车结束命令。结果如图 4-14 所示。

同样，运用单行文字命令在标高符号的下侧写"32.500"，表示原有建筑±0.000 相当于绝对标高 32.500，再运用"汉字"文字样式写"原有建筑"，运用圆命令和填充命令在原有建筑的右上角绘制一个实心圆，表示该建筑共一层，如图 4-15 所示。

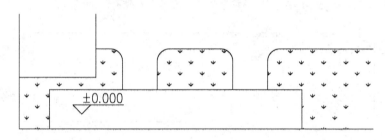
图 4-14　绘制标高符号

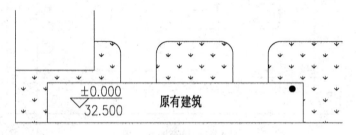
图 4-15　标注一幢原有建筑

运用相同的方法在其他原有建筑和新建建筑内部绘制标高符号，用单行文字命令标注建筑类型，并绘制表示建筑层数的实心圆。室外地坪的标高符号尺寸与室内标高符号相同，但需填实。结果如图 4-16 所示。

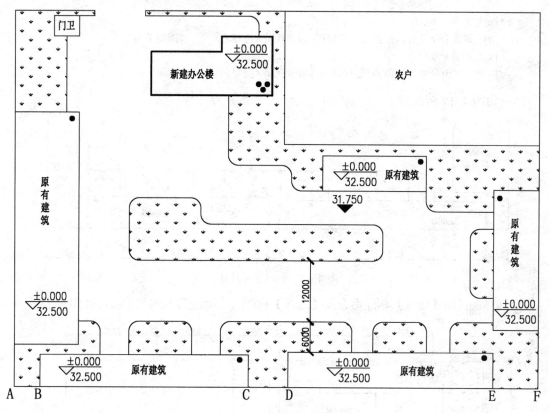

图 4-16 绘制标高和建筑类型

任务 4.6 标注尺寸

将"尺寸标注"层设置为当前层,当前标注样式设置为"建筑"标注样式。

1. 单击【注释】选项卡【标注】面板中的线性命令按钮，命令行提示:

   命令: _dimlinear
   命令: _dimlinear
   指定第一个尺寸界线原点或 <选择对象>:   //捕捉 A 点（图 4-16）
   指定第二个尺寸界线原点: //捕捉 B 点
   指定尺寸线位置或
   [多行文字(M)/文字(T)/角度(A)/水平(H)/垂直(V)/旋转(R)]: //在适当位置单击左键确定
   标注文字 = 5.13

2. 单击【标注】面板中的连续命令按钮，命令行提示如下:

   命令: _dimcontinue
   指定第二个尺寸界线原点或 [选择(S)/放弃(U)] <选择>:   //捕捉 C 点
   标注文字 = 41.15
   指定第二个尺寸界线原点或 [选择(S)/放弃(U)] <选择>:   //捕捉 D 点
   标注文字 = 7.78
   指定第二个尺寸界线原点或 [选择(S)/放弃(U)] <选择>:   //捕捉 E 点

标注文字 =40.60
指定第二个尺寸界线原点或 [选择(S)/放弃(U)] <选择>:   //捕捉 F 点
标注文字 =9.12
指定第二个尺寸界线原点或 [选择(S)/放弃(U)] <选择>:   //回车

结果如图 4-17 所示。

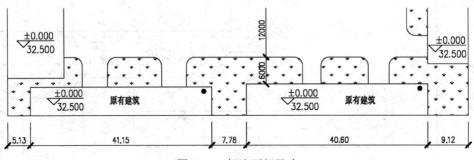

图 4-17　标注下部尺寸

3. 同样，运用【线性】标注命令及【连续】标注命令标注其他的尺寸线，如图 4-18 所示。

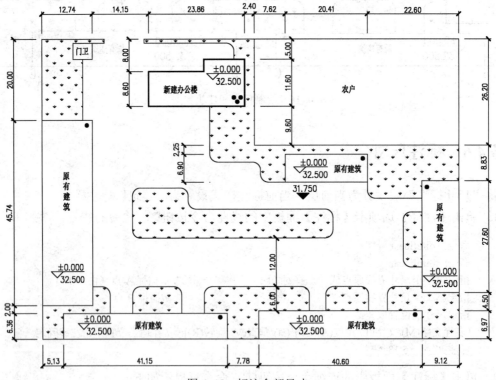

图 4-18　标注全部尺寸

注意：

（1）默认情况下，有些尺寸是重叠的，可以利用对象的夹点编辑功能将尺寸标注文字移动到合适的位置。

（2）有些尺寸的尺寸界线起点偏移量需要增大，解决的方法有两种。一种是单击菜单中【修改】/【特性】，弹出【特性】对话框。选择需要修改的尺寸标注，在【特性】对话框中，修改"尺寸界线偏移"值。第二种是先选中需要修改的尺寸线，视图中出现很多蓝色的夹点，再一次单击尺寸界线起点处的蓝色夹点并进行移动。

任务 4.7 绘制风向频率玫瑰图、图名和比例

1. 绘制风向频率玫瑰图

（1）右击状态栏中的极轴追踪按钮，选择正在追踪设置选项，弹出【草图设置】对话框，将增量角设置成 22.5 度，如图 4-19 所示，单击【确定】按钮。启用极轴功能。

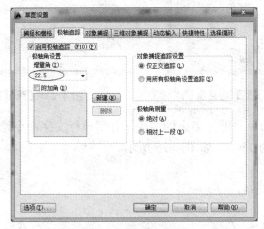

图 4-19 【草图设置】对话框

（2）将"其他"图层置为当前，运用直线命令沿极轴方向绘制风向频率玫瑰图的方向线，如图 4-20 所示。

（3）将"continuous"实线置为当前，运用多段线命令按照风向频率绘制全年风向频率。如图 4-21 所示。

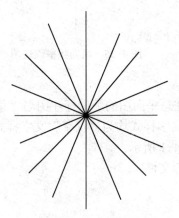
图 4-20 风向频率玫瑰图方向线

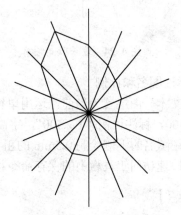
图 4-21 全年风向频率

（4）单击【格式】菜单栏中的"线型"命令，弹出【线型管理器】对话框，单击【加载】按钮，弹出【加载或重载线型】对话框。选择"可用线型"中的"DASHED"线型，如图 4-22 所示，单击【确定】按钮，返回到【线型管理器】对话框。设置"全局比例因子"为 20，如

图4-23所示，单击【当前】按钮将"DASHED"线型置为当前，单击【确定】按钮。运用多段线命令按照风向频率绘制夏季风向频率，如图4-24所示。

图4-22 【加载或重载线型】对话框

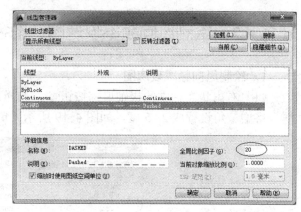

图4-23 【线型管理器】对话框

（5）运用"修剪"命令修剪掉多余的线段，并用单行文字命令绘制文字"北"，文字样式为"汉字"样式，字高为1500，如图4-25所示。

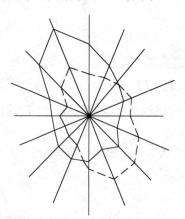

图4-24 夏季风向频率

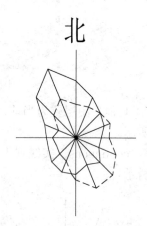

图4-25 风向频率玫瑰图

2. 标注图名和比例

将"文本"图层置为当前，运用单行文字命令在总平面图的下侧标注图名"总平面图"，字高为2500，标注比例"1：500"，字高为1750，文字样式均为"汉字"文字样式。再运用直线命令在图名的下侧绘制0.5mm的粗实线，如图4-1所示。

单击快速访问工具栏中的保存命令按钮，保存文件。

【项目小结】

本项目主要讲述了某办公楼建筑总平面图的整个绘制过程。图中的新建建筑物用粗实线绘制，而原有建筑、绿化、大门等用细实线绘制。在总平面图中通常用带指北针的风向频率玫瑰图来表示该地区常年的风向频率和房屋的朝向。实线表示全年风向频率，虚线表示夏季风向频率，按6、7、8三个月统计的风向频率。

思考与练习

思考题

（1）建筑总平面图的比例一般为多少？
（2）总平面图中室内标高符号和室外标高符号的画法有何区别？
（3）总平面图中的原有建筑和新建建筑的线型有何区别？
（4）总平面图的尺寸标注以什么为单位？精确到小数点后几位？

项目 5　绘制建筑平面图

　　假想用一个水平剖切平面沿房屋的门窗洞口位置把房屋剖开，移去上部之后，向水平面投影所作的正投影图，称为建筑平面图。建筑平面图主要表达建筑物的平面形式，包括房间的布局、形状、大小和用途，墙、柱的尺寸，门窗的类型、位置，以及各类构件的尺寸等。建筑平面图是施工放线、墙体砌砖、门窗安装和室内装修的依据。对于多层建筑，如中间层形式相同，则至少应绘制三种平面图：底层平面图、中间层平面图和顶层平面图。

　　本项目将以图 5-1 所示的办公楼二层建筑平面图为例，详细讲述建筑平面图的绘制过程。绘制过程如下。

- 设置绘图环境
- 绘制轴线
- 绘制墙体
- 绘制门窗
- 绘制柱子
- 绘制雨篷、卫生间隔墙
- 标注文本
- 绘制楼梯
- 标注尺寸

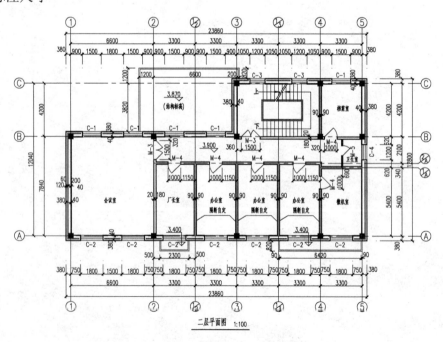

图 5-1　某办公楼二层建筑平面图

任务 5.1 设置绘图环境

1. 使用样板创建新图形文件

单击快速访问工具栏中的新建命令按钮 ，弹出【选择样板】对话框。从【查找范围】下拉列表框和【名称】列表框选择项目 3 建立的样板文件"建筑图模板.dwt"所在的路径并选中该文件，单击【打开】按钮，进入 AutoCAD 2019 绘图界面。

2. 设置绘图区域

单击下拉菜单栏中的【格式】|【图形界限】命令，命令行提示如下：

命令: '_limits
重新设置模型空间界限:
指定左下角点或 [开(ON)/关(OFF)] <0.0000,0.0000>:   //回车默认左下角坐标为 0,0
指定右上角点 <420.0000,297.0000>: 42000,29700
                                                    //指定右上角坐标为 42 000,29 700

注意：本例中采用 1∶1 的比例绘图，而按三号图纸 1∶100 的比例出图，所以设置的绘图范围长 42 000，宽 29 700。对应的图框线和标题栏需放大 100 倍。

3. 显示全部作图区域

在命令行中输入 ZOOM 命令并回车，再输入 A 并回车，选择"全部(A)"选项，显示图形界限。

4. 修改图层

单击【图层】面板中的图层特性按钮 ，弹出【图层特性管理器】对话框。

新建"柱子""填充""楼梯"图层，并设置"柱子"图层的线宽为 0.5，其他图层的线宽为默认的 0.25，线型均为"Continuous"实线线型。如图 5-2 所示。

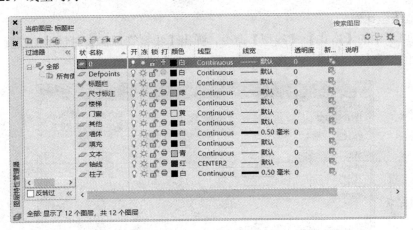

图 5-2 设置二层平面图图层

注意：在绘图时可根据需要决定图层的数量及相应的颜色与线型。也可随时对图层及图层的颜色和线型等特性进行修改。

5. 设置文字样式和标注样式

（1）本例使用"建筑图模板.dwt"中的文字样式，"汉字"样式采用"仿宋"字体，宽度比例设为 0.8;"数字"样式采用"Simplex.shx"字体,宽度比例设为 0.8,用于书写数字及特殊字符。

(2)单击【默认】选项卡【注释】面板中的【标注样式】命令按钮,弹出【标注样式管理器】对话框,选择"建筑"标注样式,然后单击【修改】按钮,弹出【修改标注样式:建筑】对话框,将【调整】选项卡中【标注特征比例】中的"使用全局比例"修改为 100,如图 5-3 所示。单击【确定】按钮,退出【修改标注样式:建筑】对话框,再单击【标注样式管理器】对话框中的【关闭】按钮,完成标注样式的设置。

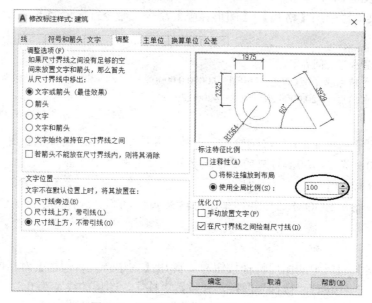

图 5-3 设置使用全局比例为"100"

6. 设置线型比例

单击菜单栏中的【格式】|【线型】命令,弹出【线型管理器】对话框。设置"详细信息"选项区域中的"全局比例因子"为 100,如图 5-4 所示。

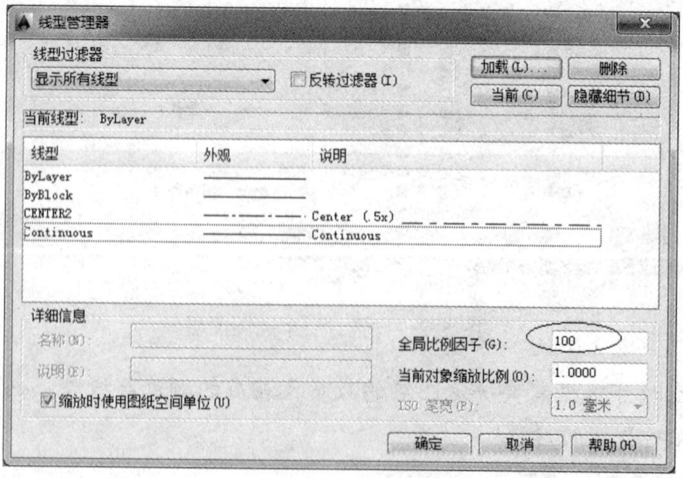

图 5-4 设置线型"全局比例因子"为 100

如果【线型管理器】对话框中没显示"详细信息"选项区域，如图 5-5 所示，可以单击该对话框中的【显示细节】按钮，显示"详细信息"选项区域，同时【显示细节】按钮将变成图 5-4 中所示的【隐藏细节】按钮。

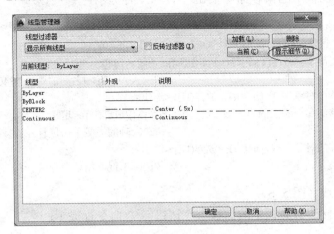

图 5-5 【显示细节】按钮位置

注意：在扩大了图形界限的情况下，为使点划线能正常显示，需将全局比例因子按比例放大。也可以在命令行输入线型比例命令 LTS 并回车，将全局比例因子设置为 100。

7. 完成设置并保存文件

单击快速访问工具栏中的保存命令按钮，打开【图形另存为】对话框。输入文件名称"某办公楼二层平面图"，单击【图形另存为】对话框中的【保存】命令按钮保存文件。

至此，绘图环境的设置已基本完成，这些设置对于绘制一幅高质量的工程图纸而言非常重要。

注意：虽然在开始绘图前，已经对图形单位、界限、图层等设置过了，但是在绘图过程中，仍然可以对它们进行重新设置，以避免在绘图时因设置不合理而影响绘图。

任务 5.2 绘制轴线

1. 打开文件

打开任务 5.1 存盘的文件"某办公楼二层平面图.dwg"，将"轴线"层设置为当前层。打开极轴追踪功能，并将极轴增量角设置为 90 度。打开对象捕捉功能，设置对象捕捉方式为"端点""交点""象限点""圆心"捕捉方式。打开对象捕捉追踪和动态输入功能。

2. 绘制纵轴Ⓐ～Ⓒ

（1）绘制Ⓐ轴线（图 5-6）。

单击【绘图】面板中的直线命令按钮，命令行提示：

```
命令:_line
指定第一个点:                      //在绘图区的左下角任意位置单击鼠标左键
指定下一点或 [放弃(U)]:33000
              //沿水平向右方向输入 33000 并回车，轴线的长度暂定为 33000mm
```

指定下一点或 [放弃(U)]: //按回车键，结束命令

（2）绘制Ⓑ轴线（图 5-6）。

单击【修改】面板中的偏移命令按钮，命令行提示：

命令: _offset
当前设置: 删除源=否 图层=源 OFFSETGAPTYPE=0
指定偏移距离或 [通过(T)/删除(E)/图层(L)] <通过>:7840
//输入Ⓐ、Ⓑ轴之间的距离 7840 并回车
选择要偏移的对象，或 [退出(E)/放弃(U)] <退出>: //选择Ⓐ轴
指定要偏移的那一侧上的点，或 [退出(E)/多个(M)/放弃(U)] <退出>:
//在Ⓐ轴的上侧单击鼠标左键以确定偏移的方向
选择要偏移的对象，或 [退出(E)/放弃(U)] <退出>:
//按回车键，结束命令

（3）绘制Ⓒ轴线（图 5-6）。

再一次单击【修改】面板中的偏移命令按钮，命令行提示：

命令: _offset
当前设置: 删除源=否 图层=源 OFFSETGAPTYPE=0
指定偏移距离或 [通过(T)/删除(E)/图层(L)] <7840.0000>:4200
//输入Ⓑ、Ⓒ轴之间的距离 4200 并回车
选择要偏移的对象，或 [退出(E)/放弃(U)] <退出>: //选择Ⓑ轴
指定要偏移的那一侧上的点，或 [退出(E)/多个(M)/放弃(U)] <退出>:
//在Ⓑ轴的上侧单击鼠标左键确定偏移方向
选择要偏移的对象，或 [退出(E)/放弃(U)] <退出>:
//按回车键，结束命令

结果如图 5-6 所示。

图 5-6 绘制纵轴

再运用偏移复制命令复制出附加轴线 1/A 轴线和 2/A 轴线，如图 5-7 所示。

图 5-7 绘制纵轴附加轴线

3. 绘制横轴①~⑤

同样做法，运用直线命令在适当位置画出第一条横轴①，再运用偏移命令复制出其他的横轴，间距分别为 6600、3300、3300、3300、3300、3300。运用修剪命令将 1/A 和 2/A 轴线多余的部分剪掉，如图 5-8 所示。

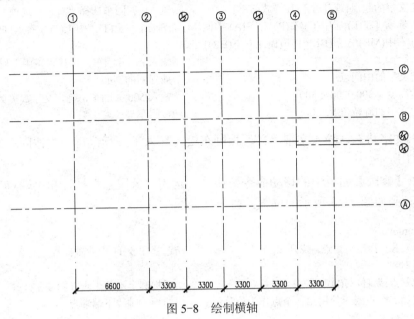

图 5-8 绘制横轴

4. 标注轴号

（1）单击【特性】面板【线型】下拉列表右侧的下三角号，如图 5-9 所示，从当前已有线型中选择"Continuous"实线线型为当前线型。设置对象捕捉方式为"端点""圆心""象限点""交点"捕捉方式。

（2）单击【绘图】面板中的圆命令按钮⊙，在绘图区的任一空白位置绘制一个半径为 400 的圆。

（3）单击【注释】面板中的【文字样式】按钮，设置当前文字样式为"数字"文字样式，如图 5-10 所示。

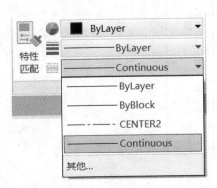

图 5-9 设置当前线型为实线

图 5-10 设置当前文字样式为"数字"

在命令行中输入单行文字命令快捷键 DT，回车后命令行提示：

命令: DT
TEXT
当前文字样式: "数字" 文字高度: 300.0000 注释性: 否 对正: 左
指定文字的起点 或 [对正(J)/样式(S)]: j   //输入 j 并回车选择"对正"选项
输入选项 [左(L)/居中(C)/右(R)/对齐(A)/中间(M)/布满(F)/左上(TL)/中上(TC)/右上(TR)/左中(ML)/正中(MC)/右中(MR)/左下(BL)/中下(BC)/右下(BR)]: mc
                                                //输入 mc 并回车，选择"正中"对齐方式
指定文字的中间点: //捕捉圆的圆心
指定高度 <300.0000>: 500   //输入 500 并回车，确定文字高度为 500
指定文字的旋转角度 <0>:   //按回车键

进入输入文字状态，输入文字"1"，按回车键，转入下一行，再一次按回车键，结束命令，如图 5-11 所示。

（4）单击【修改】面板中的移动命令按钮✥，运用"象限点"捕捉和"端点"捕捉，将轴号"1"移动到如图 5-13 所示的位置，命令行提示：

命令:move
选择对象: 指定对角点: 找到 2 个   //选择图 5-11 中的轴标号
选择对象: //回车
指定基点或 [位移(D)] <位移>:   //捕捉圆上端象限点（图 5-12）
指定第二个点或 <使用第一个点作为位移>:   //捕捉①轴线下端端点

图 5-11 绘制轴标号

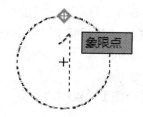

图 5-12 象限点捕捉

结果如图 5-13 所示。

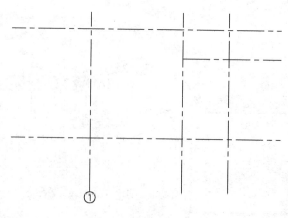

图 5-13 移动轴标号

（5）单击【修改】面板中的复制命令按钮 ，运用多重复制将轴号①复制到其他的位置，如图 5-14 所示。

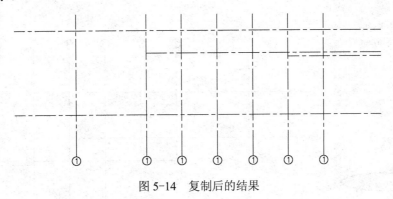

图 5-14 复制后的结果

（6）在命令行中输入文字编辑命令 ED 并回车，依次选择需要修改的轴号，将其修改成正确的轴编号。结果如图 5-15 所示。

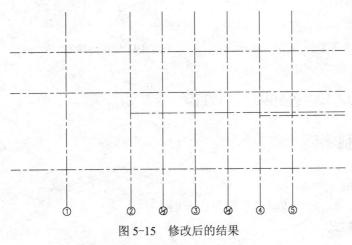

图 5-15 修改后的结果

注意：
① 附加轴线可运用直线命令结合最近点捕捉绘制斜线，如图 5-16 所示，运用"特性"功能修改文字高度。
② 修改文字高度的方法：选中文字，呈现夹点编辑状态，如图 5-17 所示，按键盘上的 Ctrl+1，弹出【特性】对话框，修改"文字"选项区域的"高度"为"350"，如图 5-18 所示。单击【特性】对话框左上角的 按钮关闭该对话框。再运用移动、复制、文字修改等功能绘制附加轴线编号，结果如图 5-15 所示。

图 5-16 绘制斜线

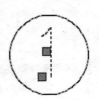

图 5-17 夹点编辑状态

（7）同样操作，可以绘制出其他的轴号，结果如图 5-19 所示。

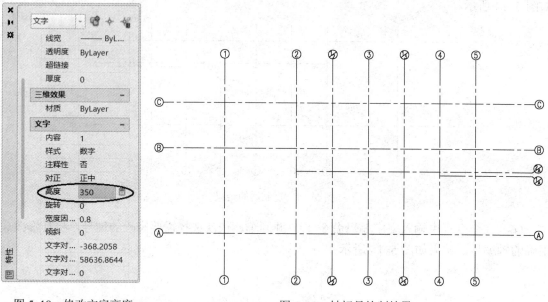

图 5-18 修改文字高度　　　　　　图 5-19 轴标号绘制结果

5．保存文件

单击快速访问工具栏中的保存命令按钮，保存文件。

任务 5.3　绘制墙体

1．选择当前层

锁定"轴线"层，选择"墙体"层为当前层。

2．设置多线样式

步骤如下。

（1）单击下拉菜单栏中的【格式】|【多线样式】命令，弹出【多线样式】对话框。

（2）单击【新建】按钮，弹出【创建新的多线样式】对话框。在【新样式名】文本框中输入多线的名称"420"，如图 5-20 所示，单击【继续】按钮，弹出【新建多线样式：420】对话框。

图 5-20 【创建新的多线样式】对话框

（3）在【图元】文本框中，分别选中两条平行线，并在【偏移】文本框中分别输入偏移距离为"380"和"-40",如图 5-21 所示。

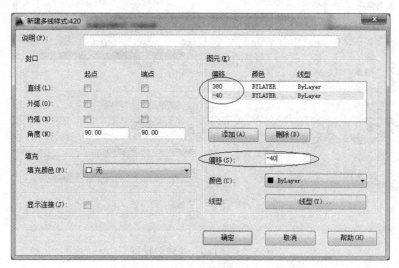

图 5-21 "420"墙体的设置

(4) 单击【确定】按钮,返回【多线样式】对话框,在【样式】文本框显示"420"墙体样式,如图 5-22 所示,单击【确定】按钮,退出【多线样式】对话框。

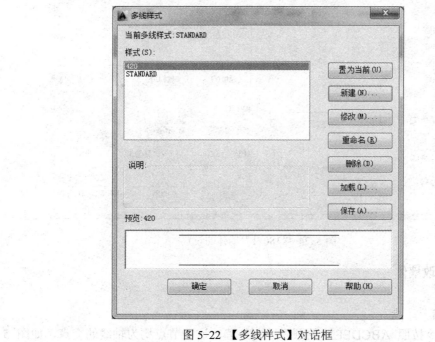

图 5-22 【多线样式】对话框

(5) 同样做法,可以设置名称为"180"和"180-1"的墙体样式,其【新建多线样式】对话框如图 5-23 和图 5-24 所示。

注意:单击【多线样式】对话框中的【保存】按钮,将当前多线样式保存为"*.mln"文件,则当前文件的多线样式能通过【多线样式】对话框中的【加载】按钮来加载,从而被其他文件使用。

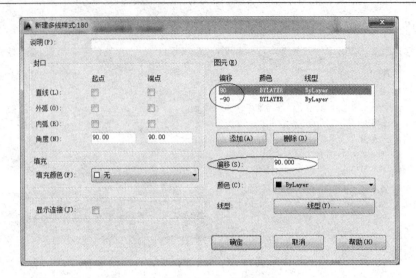

图 5-23 "180" 墙体的设置

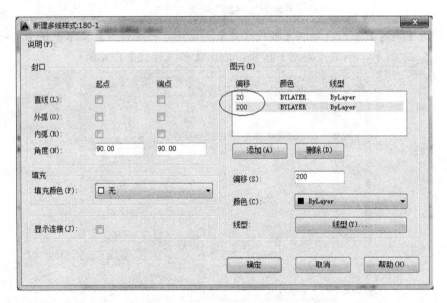

图 5-24 "180-1" 墙体的设置

3. 绘制及修改墙体

步骤如下。

1) 绘制外墙

运用多线命令按照 ABCDEFA 的顺序绘制外墙,这些节点均为轴线的交点,如图 5-25 所示。具体操作步骤如下。

单击下拉菜单栏中的【绘图】|【多线】命令,或者按键盘上的 ML 并回车,命令行提示:

命令:_mline
当前设置:对正 = 上,比例 =20.00,样式 = STANDARD
指定起点或 [对正(J)/比例(S)/样式(ST)]: j   //输入 j 并回车选择 "对正" 选项

输入对正类型 [上(T)/无(Z)/下(B)] <无>: z　　　　//输入 z 并回车，采用中线对齐方式
当前设置: 对正 = 无，比例 = 10.00，样式 = 420
指定起点或 [对正(J)/比例(S)/样式(ST)]: s　　　//输入 s 并回车选择"比例"选项
输入多线比例 <10.00>: 1　　　　　　　　　　　//输入"1"并回车，设置比例为 1
当前设置: 对正 = 无，比例 = 1.00，样式 = 420
指定起点或 [对正(J)/比例(S)/样式(ST)]: st　　　//输入 st 并回车选择"样式"选项
输入多线样式名或 [?]: 420　　　　　　　　　　//输入"420"并回车设置多线样式
当前设置: 对正 = 无，比例 = 1.00，样式 = 420
指定起点或 [对正(J)/比例(S)/样式(ST)]:　　　　//捕捉 A 点，单击左键
指定下一点:　　　　　　　　　　　　　　　　 //捕捉 B 点，单击左键
指定下一点或 [放弃(U)]:　　　　　　　　　　　//捕捉 C 点，单击左键
指定下一点或 [闭合(C)/放弃(U)]:　　　　　　　//捕捉 D 点，单击左键
指定下一点或 [闭合(C)/放弃(U)]:　　　　　　　//捕捉 E 点，单击左键
指定下一点或 [闭合(C)/放弃(U)]:　　　　　　　//捕捉 F 点，单击左键
指定下一点或 [闭合(C)/放弃(U)]: c　　　　　　//输入 c 并回车，封闭多线并结束命令

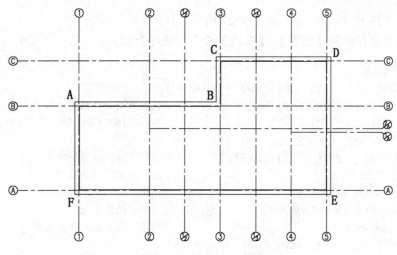

图 5-25　外墙绘制结果

2）绘制内墙

（1）绘制"180-1"样式内墙，如图 5-26 所示。

单击下拉菜单栏中的【绘图】|【多线】命令，命令行提示：

命令: _mline
当前设置: 对正 = 无，比例 = 1.00，样式 = 420
指定起点或 [对正(J)/比例(S)/样式(ST)]: st　　　//输入 st 并回车选择"样式"选项
输入多线样式名或 [?]: 180-1　　　　　　　　　//输入"180-1"并回车设置多线样式
当前设置: 对正 = 无，比例 = 1.00，样式 = 180-1
指定起点或 [对正(J)/比例(S)/样式(ST)]:　　　　//捕捉轴线与外墙交点 H，单击左键
指定下一点:　　　　　　　　　　　　　　　　 //捕捉 G 点，单击左键
指定下一点或 [放弃(U)]:　　　　　　　　　　　//回车，结束命令
命令: MLINE　　　　　　　　　　　　　　　　 //回车，输入上一次多线命令
当前设置: 对正 = 无，比例 = 1.00，样式 = 180-1
指定起点或 [对正(J)/比例(S)/样式(ST)]:　　　　//捕捉 I 点，单击左键

指定下一点： //捕捉 B 点，单击左键
指定下一点或 [放弃(U)]： //回车，结束命令

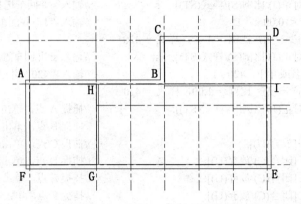

图 5-26 绘制"180-1"样式内墙

（2）绘制"180"样式内墙，如图 5-27 所示。
单击下拉菜单栏中的【绘图】|【多线】命令，命令行提示：

命令：_mline
当前设置：对正 = 无，比例 = 1.00，样式 =180-1
指定起点或 [对正(J)/比例(S)/样式(ST)]： st //输入 st 并回车选择"样式"选项
输入多线样式名或 [?]： 180 //输入"180"并回车设置多线样式
当前设置：对正 = 无，比例 = 1.00，样式 = 180
指定起点或 [对正(J)/比例(S)/样式(ST)]： //捕捉 J 点，单击左键
指定下一点： //捕捉 K 点，单击左键
指定下一点或 [放弃(U)]： //捕捉 L 点，单击左键
指定下一点或 [闭合(C)/放弃(U)]： //回车，结束命令
命令：_mline //回车，输入上一次多线命令
当前设置：对正 = 无，比例 = 1.00，样式 = 180
指定起点或 [对正(J)/比例(S)/样式(ST)]： //捕捉 M 点，单击左键
指定下一点： //捕捉 N 点，单击左键
指定下一点或 [放弃(U)]： //回车，结束命令

同样，运用多线命令绘制其他"180"样式的内墙，结果如图 5-27 所示。

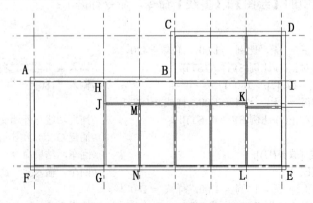

图 5-27 绘制"180"样式内墙

3）编辑多线

关闭"轴线"层。单击下拉菜单栏中的【修改】|【对象】|【多线】命令，或者双击任一条多线，弹出【多线编辑工具】对话框，如图 5-28 所示。

图 5-28 【多线编辑工具】对话框

注意：多线编辑可以将十字接头、丁字接头、角接头等修正为图 5-28 所示的形式，还可以用多线编辑命令打断多线和连接多线、添加顶点、删除顶点。

单击第二行第二列的"T 形打开"形式，根据命令行提示做如下操作：

```
命令：_mledit
选择第一条多线：                          //选择多线 JM
选择第二条多线：                          //选择多线 HG
选择第一条多线或 [放弃(U)]：              //选择多线 MN
选择第二条多线：                          //选择多线 GL
选择第一条多线或 [放弃(U)]：              //选择多线 MN
选择第二条多线：                          //选择多线 JK
选择第一条多线或 [放弃(U)]：              //选择多线 KL
选择第二条多线：                          //选择多线 NE
……                                      //依次选择需要修改的多线，修改好后，按回车键，结束命令。
```

结果如图 5-29 所示。

注意：当采用"T 形打开"形式修改多线时，应在"选择第一条多线："提示下选择次要多线，在"选择第二条多线："提示下选择主要多线，如图 5-30 所示。

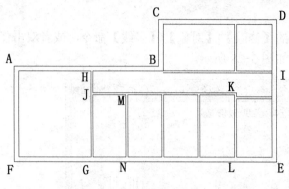

图 5-29 "丁"字接头修改　　　　图 5-30 "T 形打开"的次要多线与主要多线

4）修剪门窗洞

打开"轴线"层，将"墙体"图层置为当前。

（1）绘制门窗洞口两端的墙线。单击【绘图】面板中的直线命令按钮，命令行提示：

```
命令：_line
指定第一个点：750           //鼠标移至 O 点（图 5-31）出现交点捕捉提示，水平向右移
动鼠标，出现对象捕捉追踪，输入 750 并回车确定直线第一个点
指定下一点或 [放弃(U)]：    //捕捉交点 Q，单击左键
指定下一点或 [放弃(U)]：    //回车，结束命令
```

单击【修改】面板中的偏移命令按钮，命令行提示：

```
命令：_offset
当前设置：删除源=否  图层=源  OFFSETGAPTYPE=0
指定偏移距离或 [通过(T)/删除(E)/图层(L)] <3300.0000>：1800        //输入 1800 并回车
选择要偏移的对象，或 [退出(E)/放弃(U)] <退出>：                    //选择直线 PQ
指定要偏移的那一侧上的点，或 [退出(E)/多个(M)/放弃(U)] <退出>：   //右侧单击左键
选择要偏移的对象，或 [退出(E)/放弃(U)] <退出>：                    //回车
```

同样运用偏移命令复制出①轴和②轴上窗两端的墙线，如图 5-31 所示。

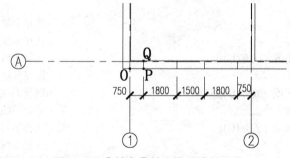

图 5-31 ①轴和②轴上窗两端的墙线

（2）运用直线命令和偏移命令绘制出其他位置门窗洞口两端的墙线，如图 5-32 所示。

（3）修剪门窗洞口。

锁定"轴线"图层。单击【修改】面板中的修剪命令按钮，修剪门窗洞口，操作如下：

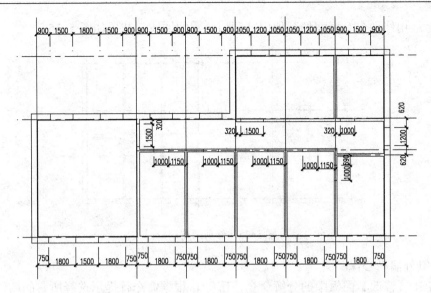

图 5-32 绘制门窗洞口两端的墙线

命令: _trim
当前设置:投影=UCS，边=无
选择剪切边…
选择对象或 <全部选择>:   //回车，取相邻两边为剪切边
选择要修剪的对象，或按住 Shift 键选择要延伸的对象，或
[栏选(F)/窗交(C)/投影(P)/边(E)/删除(R)/放弃(U)]: 指定对角点:
                                        //框选窗洞口两侧的墙线（图 5-33）
选择要修剪的对象，或按住 Shift 键选择要延伸的对象，或
[栏选(F)/窗交(C)/投影(P)/边(E)/删除(R)/放弃(U)]:   //回车，结束命令

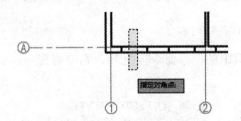

图 5-33 框选窗洞口

结果如图 5-34 所示。

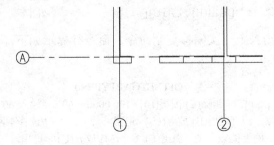

图 5-34 修剪窗洞口

同样，运用修剪命令修剪掉其他门窗洞口位置的墙线，结果如图 5-35。

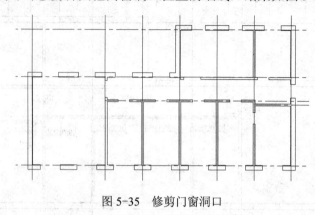

图 5-35　修剪门窗洞口

5）绘制外墙夹心保温层

（1）单击【修改】面板中的分解命令按钮 ⬚，根据命令行提示选择所有的墙体，将其分解成线段。命令行提示如下：

  命令：_explode
  选择对象：指定对角点：找到 79 个   //框选所有的墙体后回车
  48 个不能分解   //多线被分解成直线，直线不能再被分解

（2）单击【修改】面板中的合并命令按钮 ⬚，命令行提示如下：

  命令：_join
  选择源对象或要一次合并的多个对象：找到 1 个 //选择直线 ST（图 5-36）
  选择要合并的对象：找到 1 个，总计 2 个   //选择直线 TU
  选择要合并的对象：找到 1 个，总计 3 个   //选择直线 UV
  选择要合并的对象：   //回车
  3 个对象已转换为 1 条多段线

（3）单击【修改】面板中的偏移命令按钮 ⬚，命令行提示：

  命令：_offset
  当前设置：删除源=否　图层=源　OFFSETGAPTYPE=0
  指定偏移距离或 [通过(T)/删除(E)/图层(L)] <通过>：120 //输入 120 并回车
  选择要偏移的对象，或 [退出(E)/放弃(U)] <退出>： //选择多段线 STUV
  指定要偏移的那一侧上的点，或 [退出(E)/多个(M)/放弃(U)] <退出>：
                     //在右侧单击左键
  选择要偏移的对象，或 [退出(E)/放弃(U)] <退出>： //回车

再一次按回车键，输入上一次偏移复制命令，命令行提示如下：

  命令：OFFSET
  当前设置：删除源=否　图层=源　OFFSETGAPTYPE=0
  指定偏移距离或 [通过(T)/删除(E)/图层(L)] <120.0000>：60 //输入 60 并回车
  选择要偏移的对象，或 [退出(E)/放弃(U)] <退出>： //选择刚刚偏移复制出的多段线
  指定要偏移的那一侧上的点，或 [退出(E)/多个(M)/放弃(U)] <退出>：
                     //在右侧单击左键

选择要偏移的对象，或 [退出(E)/放弃(U)] <退出>：　　　　　//回车

结果如图 5-36 所示。

直接按回车键，输入上一次偏移复制命令，命令行提示如下：

```
命令：OFFSET
当前设置：删除源=否　图层=源　OFFSETGAPTYPE=0
指定偏移距离或 [通过(T)/删除(E)/图层(L)] <60.0000>: 120    //输入 120 并回车
选择要偏移的对象，或 [退出(E)/放弃(U)] <退出>：            //选择直线 RS
指定要偏移的那一侧上的点，或 [退出(E)/多个(M)/放弃(U)] <退出>：
                                                          //左侧单击左键
选择要偏移的对象，或 [退出(E)/放弃(U)] <退出>：            //选择直线 VW
指定要偏移的那一侧上的点，或 [退出(E)/多个(M)/放弃(U)] <退出>：
                                                          //左侧单击左键
选择要偏移的对象，或 [退出(E)/放弃(U)] <退出>：            //回车
```

结果如图 5-37 所示。

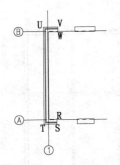
图 5-36　偏移复制多段线

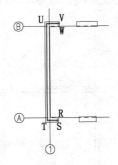
图 5-37　偏移直线 RS、VW

单击【修改】面板中的修剪命令按钮 ⚡修剪 ▼，修剪多余线段，结果如图 5-38 所示。选中①轴外墙夹心保温层线段，呈现夹点编辑状态，如图 5-39 所示，单击【特性】面板【线宽】下拉列表框（图 5-40），选择"0.25 毫米"，按 Esc 键退出夹点编辑状态，完成①轴外墙夹心保温层绘制。

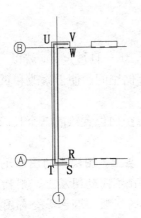
图 5-38　修剪多余线段

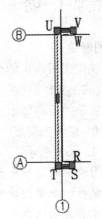
图 5-39　外墙保温层夹点编辑状态

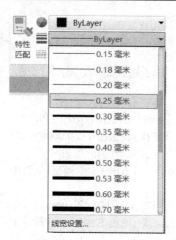

图 5-40　修改线宽

（4）同样，运用直线、偏移、合并、修剪等命令绘制其他位置外墙夹心保温层，并将所有夹心保温层线段宽度修改成 0.25 mm，结果如图 5-41 所示。

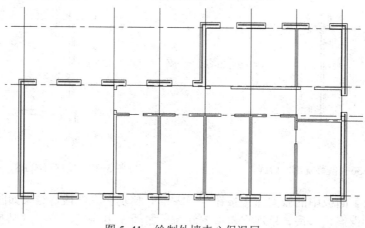

图 5-41　绘制外墙夹心保温层

任务 5.4　绘制门、窗

1. 绘制窗图形块

块是用户在块定义时指定的全部图形对象的集合。块一旦被定义，就以一个整体出现（除非将其分解）。块的主要作用有：建立图形库、节省存储空间、便于修改和重定义、定义非图形信息等。制作窗块的步骤如下：

（1）选择"0"层为当前层。运用直线命令在任意空白位置绘制一个长为 1000，宽为 100 的矩形，如图 5-42（a）所示。

注意：如果图块中的图形元素全部被绘制在"0"层上，图块中的图形元素继承图块插入层的线型和颜色属性；如果图块中的图形元素被绘制在不同的图层上，则插入图块时，图块中的图形元素都插在原来所在的图层上，并保存原来的线型、颜色等全部图层特性，与插入层无关。

项目 5　绘制建筑平面图

（2）单击【修改】面板中的偏移命令按钮，向内偏移窗线，结果如图 5-42（b）所示。

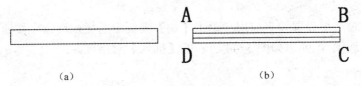

（a）　　　　　　　　　　　（b）

图 5-42　绘制窗图形块

命令行提示如下：

命令: _offset
当前设置: 删除源=否　图层=源　OFFSETGAPTYPE=0
指定偏移距离或 [通过(T)/删除(E)/图层(L)] <通过>:33　　　//输入偏移距离 33 并回车
选择要偏移的对象，或 [退出(E)/放弃(U)] <退出>:　　　//选择直线 AB
指定要偏移的那一侧上的点，或 [退出(E)/多个(M)/放弃(U)] <退出>:
　　　　　　　　　　　　　　　　　　　　　　　　　　//在直线 AB 的下侧单击鼠标左键
选择要偏移的对象，或 [退出(E)/放弃(U)] <退出>:　　　//选择直线 CD
指定要偏移的那一侧上的点，或 [退出(E)/多个(M)/放弃(U)] <退出>:
　　　　　　　　　　　　　　　　　　　　　　　　　　//在直线 CD 的上侧单击鼠标左键
选择要偏移的对象，或 [退出(E)/放弃(U)] <退出>:　　　//按回车键，结束命令

2．定义窗图形块

单击【块】面板中的创建块命令按钮，弹出如图 5-43 所示的【块定义】对话框。

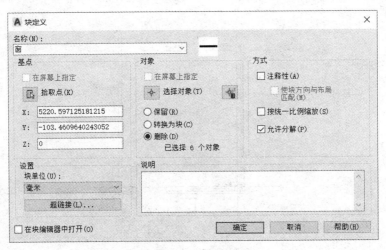

图 5-43　【块定义】对话框

（1）在【名称】列表框中指定块名"窗"。单击选择对象按钮，选择构成窗块的所有对象，单击右键确定之后，重新显示对话框，并在选项组下部显示：已选择 6 个对象。选择【删除】单选按钮。

（2）单击拾取点命令按钮，选择窗块的右下角点 C 为基点。

（3）单击【确定】按钮，块定义结束。如果用户指定的块名已被定义，则 AutoCAD 显示一个警告信息，询问是否重新建立块定义，如果选择重新建立，则同名的旧块定义将被新块定义取代。

3. 插入窗图形块

1) 插入 C-2

(1) 将"门窗"层设置为当前层。单击【块】面板中的插入块命令按钮下侧的下三角号,选择"更多选项",弹出如图 5-44 所示的【插入】对话框。

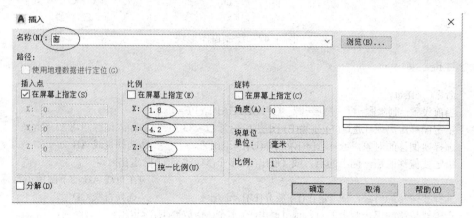

图 5-44 【插入】对话框

(2) 在【名称】下拉列表中选择"窗",在【比例】选项组中,"X"比例因子输入 1.8,"Y"比例因子输入 4.2,"Z"比例因子输入 1。

(3) 单击【确定】按钮,捕捉窗洞口右下角的 E 点作为插入基点,插入窗"C-2",结果如图 5-45 所示。

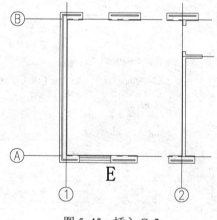

图 5-45 插入 C-2

2) 复制 C-2

单击【修改】面板中的复制命令按钮,操作如下。

```
命令:_copy
选择对象:找到 1 个                    //选择图 5-45 中的窗块
选择对象:                            //回车
当前设置:  复制模式 = 多个
指定基点或 [位移(D)/模式(O)] <位移>:    //捕捉 E 点(图 5-46)
```

指定第二个点或 [阵列(A)] <使用第一个点作为位移>:	//捕捉 F 点
指定第二个点或 [阵列(A)/退出(E)/放弃(U)] <退出>:	//捕捉 G 点
指定第二个点或 [阵列(A)/退出(E)/放弃(U)] <退出>:	//捕捉 H 点
指定第二个点或 [阵列(A)/退出(E)/放弃(U)] <退出>:	//捕捉 I 点
指定第二个点或 [阵列(A)/退出(E)/放弃(U)] <退出>:	//捕捉 J 点
指定第二个点或 [阵列(A)/退出(E)/放弃(U)] <退出>:	//捕捉 K 点
指定第二个点或 [阵列(A)/退出(E)/放弃(U)] <退出>:	//回车

复制结果如图 5-46 所示。

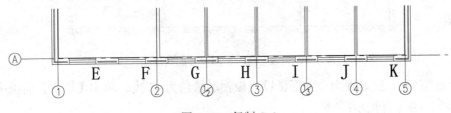

图 5-46 复制 C-2

3）插入 C-4

单击【块】面板中的插入块命令按钮下侧的下三角号，选择"更多选项"，弹出【插入】对话框。在【名称】下拉列表中选择"窗"，在【比例】选项组中，"X"比例因子输入 1.2，"Y"比例因子输入 4.2，"Z"比例因子输入 1，【旋转】选项框中角度设置为 90 度，如图 5-47 所示。单击【确定】按钮，捕捉窗洞口右上角的 L 点作为插入基点，插入窗"C-4"，结果如图 5-48 所示。

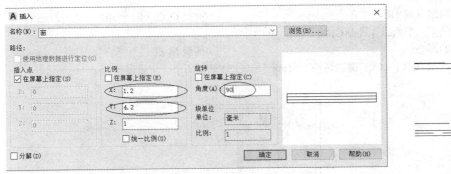

图 5-47 【插入】对话框

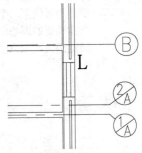

图 5-48 插入 C-4

4）插入和复制 C-1 和 C-3

同样做法，用插入命令插入 C-1 和 C-3。C-1 的"X""Y""Z"方向比例因子分别为 1.5、4.2 和 1，C-3 的"X""Y""Z"方向比例因子分别为 1.2、4.2 和 1。对于相同规格的窗，运用复制命令绘制，结果如图 5-49 所示。

4. 绘制门

门图形主要由直线和圆弧组成，可以做成 45 度的圆弧，也可以做成 90 度的圆弧。本例采用 45 度圆弧，如图 5-50 所示。其操作步骤如下：

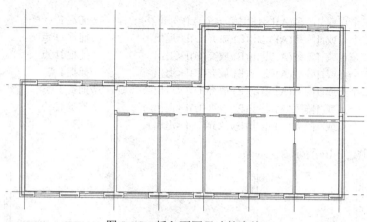

图 5-49 插入不同尺寸的窗块

（1）将"门窗"层设置为当前层。设置极轴增量角为 45 度。单击【绘图】面板中的直线命令按钮，命令行提示：

命令: _line
指定第一个点：   //捕捉 M 点（图 5-50）
指定下一点或 [放弃(U)]: 1000   //沿 135 度极轴方向输入 1000 并回车
指定下一点或 [闭合(C)/放弃(U)]:   //按回车键，结束命令

（2）单击【绘图】面板中圆弧按钮圆弧按钮 下侧的下三角号，选择 【起点、圆心、端点】【起点、圆心、端点】选项，命令行提示如下：

命令: _arc
指定圆弧的起点或 [圆心(C)]:   //捕捉 O 点（图 5-50）
指定圆弧的第二个点或 [圆心(C)/端点(E)]: _c
指定圆弧的圆心：   //捕捉 M 点
指定圆弧的端点(按住 Ctrl 键以切换方向)或 [角度(A)/弦长(L)]:   //捕捉 N 点

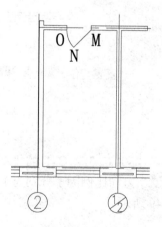

图 5-50 绘制 M-4

（3）复制相同方向的 M-4。单击【修改】面板中的复制命令按钮，操作如下：

命令: _copy

选择对象: 指定对角点: 找到 2 个	//选择图 5-50 中的直线 MN 和圆弧 ON
选择对象:	//回车
当前设置: 复制模式 = 多个	
指定基点或 [位移(D)/模式(O)] <位移>:	//捕捉 M 点（图 5-51）
指定第二个点或 [阵列(A)] <使用第一个点作为位移>:	//捕捉 P 点
指定第二个点或 [阵列(A)/退出(E)/放弃(U)] <退出>:	//捕捉 Q 点
指定第二个点或 [阵列(A)/退出(E)/放弃(U)] <退出>:	//捕捉 R 点
指定第二个点或 [阵列(A)/退出(E)/放弃(U)] <退出>:	//回车

复制结果如图 5-51 所示。

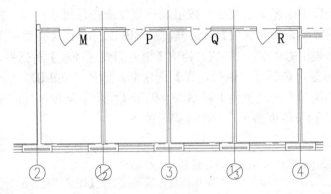

图 5-51　复制相同方向的 M-4

（4）同样，运用直线命令和圆弧命令绘制其他门，绘图结果如图 5-52 所示。

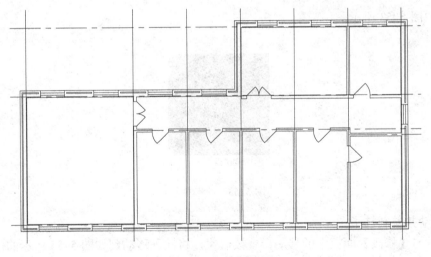

图 5-52　门绘制结果

任务 5.5　绘制柱子

1. 绘制柱子轮廓线

将"柱子"图层置为当前。关闭"门窗""墙体"图层。单击【绘图】面板中的矩形命令

按钮 ⬜，命令行提示如下：

    命令: _rectang
    指定第一个角点或 [倒角(C)/标高(E)/圆角(F)/厚度(T)/宽度(W)]:
                                            //绘图区任意位置单击左键
    指定另一个角点或 [面积(A)/尺寸(D)/旋转(R)]: d //输入 d 并回车，选择"尺寸"选项
    指定矩形的长度 <1000.0000>: 400   //输入 400 并回车
    指定矩形的宽度 <100.0000>: 400   //输入 400 并回车
    指定另一个角点或 [面积(A)/尺寸(D)/旋转(R)]: //任意方向单击左键

2. 填充柱子图例

单击【绘图】面板中的图案填充命令按钮▨，根据命令行提示输入"T"并回车选择"设置"选项，弹出【图案填充和渐变色】对话框，参见图 2-50。在【类型和图案】选项区域中，单击【图案】下拉列表框右侧的▭按钮，弹出【填充图案选项板】对话框，参见图 2-51。单击【其他预定义】标签，选择【其他预定义】选项卡，选择"SOLID"填充类型。单击【确定】按钮，回到【图案填充和渐变色】对话框。单击【边界】选项区域的【添加：选择对象】按钮▥，选择矩形，回车结束命令。命令行提示如下：

    命令: _hatch
    拾取内部点或 [选择对象(S)/放弃(U)/设置(T)]: t
                //输入 t 并回车选择设置选项，弹出【图案填充和渐变色】对话框（图 2-50）
    拾取内部点或 [选择对象(S)/放弃(U)/设置(T)]:
    选择对象或 [拾取内部点(K)/放弃(U)/设置(T)]:指定对角点: 找到 1 个 //选择矩形
    选择对象或 [拾取内部点(K)/放弃(U)/设置(T)]:   //回车

结果如图 5-53 所示。

图 5-53 绘制柱子

3. 移动并复制柱子

（1）单击【修改】面板中的移动命令按钮✥，将柱子移动到如图 5-55 所示的位置。

    命令: _move
    选择对象: 指定对角点: 找到 2 个   //选择图 5-53 中的柱子
    选择对象: //回车
    指定基点或 [位移(D)] <位移>:   //捕捉柱子的中心点（图 5-54）
    指定第二个点或 <使用第一个点作为位移>:   //捕捉①轴和④轴的交点（图 5-55）

结果如图 5-55 所示。

图 5-54 柱子的复制基点　　　　　图 5-55 移动柱子

（2）单击【修改】面板中的复制命令按钮，复制柱子，如图 5-56 所示，操作如下：

```
命令: _copy
选择对象: 指定对角点: 找到 2 个              //选择图 5-55 中的柱子
选择对象:                                    //回车
当前设置:  复制模式 = 多个
指定基点或 [位移(D)/模式(O)] <位移>:          //捕捉图 5-55 中柱子的中心点
指定第二个点或 [阵列(A)] <使用第一个点作为位移>: //捕捉轴线交点
……                                          //依次捕捉轴线交点
指定第二个点或 [阵列(A)/退出(E)/放弃(U)] <退出>: //回车
```

复制结果如图 5-56 所示。

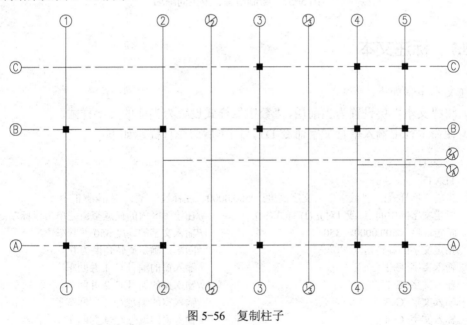

图 5-56 复制柱子

任务 5.6　绘制雨篷、卫生间隔墙

打开"墙体"和"门窗"图层。在"其他"图层运用直线命令、偏移命令等绘制雨篷，雨篷板卷檐厚度为 90。在"墙体"图层运用直线命令绘制卫生间隔墙，墙体厚度为 90，在"门

窗"图层运用直线命令、圆弧命令等绘制卫生间门。结果如图 5-57 所示。

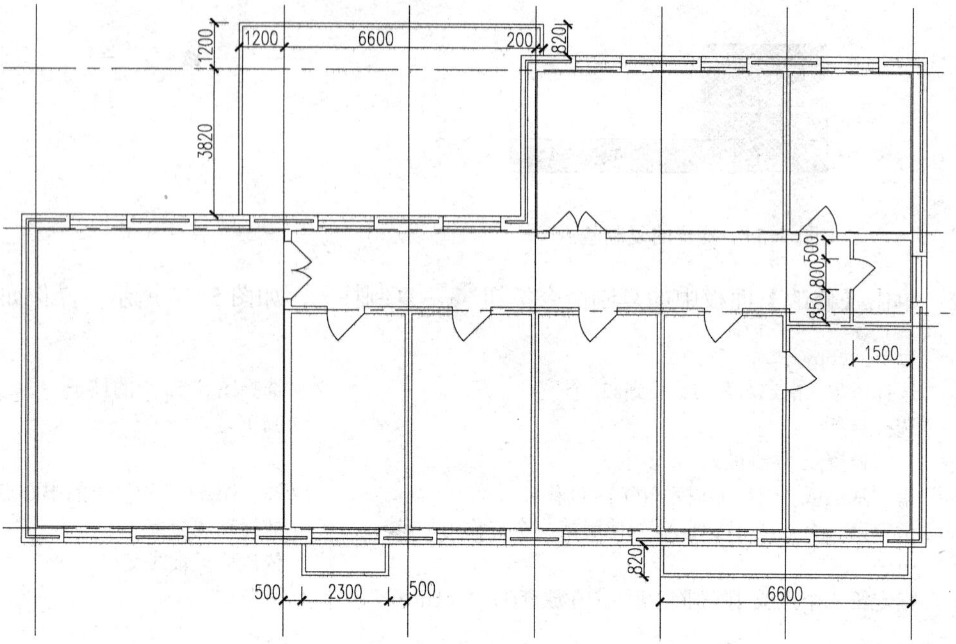

图 5-57　绘制雨篷、卫生间隔墙

任务 5.7　标注文本

标注文本步骤如下。
（1）将"文本"层设置为当前层，"数字"样式设置为当前的文字样式。
（2）在命令行中输入单行文字命令 DT，回车后命令行提示如下：

命令: DT
TEXT
当前文字样式:　"数字"　　文字高度: 500.0000　注释性: 否　对正: 正中
指定文字的中间点 或 [对正(J)/样式(S)]:　　//在绘图区内的任意空白处单击鼠标左键
指定高度 <500.0000>: 350　　　　　　　　//输入文字的高度 350 并回车
指定文字的旋转角度 <0>:　　　　　　　　//回车，确定旋转角度为 0
输入文字: C-1　　　　　　　　　　　　//输入窗的编号 C-1 并回车
输入文字: C-2　　　　　　　　　　　　//输入窗的编号 C-2 并回车
输入文字: C-3　　　　　　　　　　　　//输入窗的编号 C-3 并回车
输入文字: C-4　　　　　　　　　　　　//输入窗的编号 C-4 并回车
输入文字: M-3　　　　　　　　　　　　//输入门的编号 M-3 并回车
输入文字: M-4　　　　　　　　　　　　//输入门的编号 M-4 并回车
输入文字: M-5　　　　　　　　　　　　//输入门的编号 M-5 并回车
输入文字:　　　　　　　　　　　　　　//按回车键，结束命令

（3）利用【修改】面板中的移动命令将 C-1、C-2、C-3、M-3、M-4 移动到对应的位置。用复制命令复制相应的门窗编号，如图 5-58 所示。

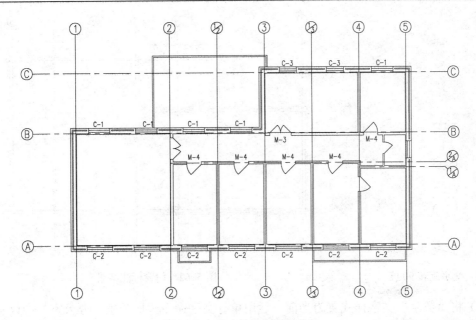

图 5-58 移动并复制门窗编号

（4）选中 C-4 和 M-5，呈现夹点编辑状态，如图 5-59 所示。按 Ctrl+1，弹出【特性】对话框，如图 5-60 所示，将【文字】选项区域的旋转角度修改为 90 度，单击【特性】对话框左上角的 ✖ 按钮关闭该对话框。按 Esc 键退出文字夹点编辑状态，C-4 和 M-5 旋转 90 度后如图 5-61 所示。用移动命令将 C-4 和 M-5 移动到合适的位置。②轴上的 M-3 和④轴上的 M-4 可以采用相同的方法标注。结果如图 5-62 所示。

图 5-59 文字夹点编辑状态　　　　图 5-60 【特性】对话框

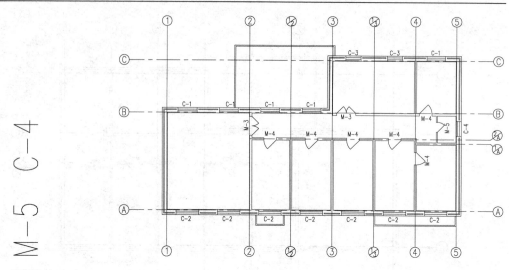

图 5-61 文字旋转 90 度　　　　　　　图 5-62 门窗标注结果

（5）将"数字"文字样式置为当前，运用单行文字命令写厂长室、办公室、会议室、微机室、档案室、卫生室、隔断自定，字高为 350，用移动命令移动到合适的位置，复制命令复制相同的内容，如图 5-63 所示。

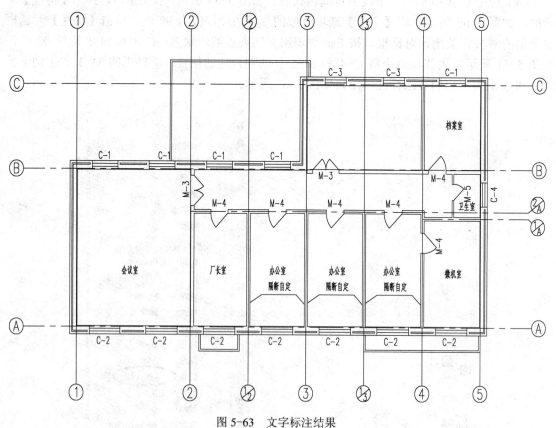

图 5-63 文字标注结果

任务 5.8　绘制楼梯

1. 绘制梯段

(1) 将"楼梯"层设置为当前层,关闭"柱子"图层。设置对象捕捉为"端点""中点""交点""范围"捕捉方式。

(2) 单击【绘图】面板中的直线命令按钮 ，命令行提示如下:

命令: _line
指定第一个点: 1410
　　　　　　　　　//沿墙体交点 A 点(图 5-64)水平向左追踪 1410 作为直线第一点
指定下一点或 [放弃(U)]: 1380　　//沿垂直向上极轴方向输入 1380 并回车
指定下一点或 [放弃(U)]:　　　//回车

结果如图 5-64 所示。

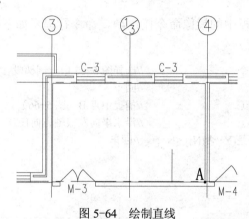

图 5-64　绘制直线

(3) 单击【修改】面板中的阵列命令按钮 ，命令行提示如下:

命令: _arrayrect
选择对象: 找到 1 个　　　　//选择图 5-64 中刚刚绘制的直线
选择对象:　　　　　　　　//回车
类型 = 矩形　关联 = 是
选择夹点以编辑阵列或 [关联(AS)/基点(B)/计数(COU)/间距(S)/列数(COL)/行数(R)/层数(L)/退出(X)] <退出>: COL　　//输入 COL 并回车选择"列数"选项
输入列数数或 [表达式(E)] <4>: 11　　//输入 11 并回车,设置列数
指定 列数 之间的距离或 [总计(T)/表达式(E)] <1>: -300
　　　　　　　　　//输入-300 并回车,设置列间距
选择夹点以编辑阵列或 [关联(AS)/基点(B)/计数(COU)/间距(S)/列数(COL)/行数(R)/层数(L)/退出(X)] <退出>: R　　//输入 R 并回车选择"行数"选项
输入行数数或 [表达式(E)] <3>: 1　　//输入 1 并回车,设置行数
指定 行数 之间的距离或 [总计(T)/表达式(E)] <2070>:　　//回车
指定 行数 之间的标高增量或 [表达式(E)] <0>:　　//回车
选择夹点以编辑阵列或 [关联(AS)/基点(B)/计数(COU)/间距(S)/列数(COL)/行数(R)/层数(L)/退出(X)] <退出>:　　　　　　　　//回车

结果如图 5-65 所示。

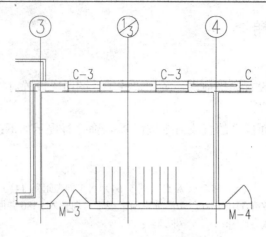

图 5-65 阵列一侧梯段

（4）单击【修改】面板中的镜像命令按钮，命令行提示如下：

命令：_mirror
选择对象：找到 1 个   //选择图 5-65 中一侧梯段
选择对象：   //回车
指定镜像线的第一点：   //捕捉中点 B（图 5-66）
指定镜像线的第二点：   //沿水平向左极轴方向任意一点单击左键
要删除源对象吗？[是(Y)/否(N)] <N>： //回车

结果如图 5-66 所示。

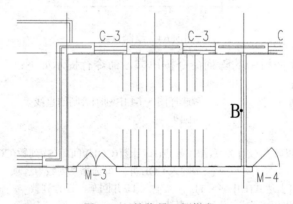

图 5-66 镜像另一侧梯段

注意：Mirrtext 的默认值为 0，此时文字镜像后仅位置镜像，写法和排序不变；当该值改为 1 时，镜像后文本变为反写和倒排。

2．绘制梯井

绘制梯井，如图 5-67。单击【绘图】面板中的矩形命令按钮，命令行提示如下：

命令：_rectang
指定第一个角点或 [倒角(C)/标高(E)/圆角(F)/厚度(T)/宽度(W)]： //捕捉 C 点（图 5-67）
指定另一个角点或 [面积(A)/尺寸(D)/旋转(R)]：   //捕捉 D 点

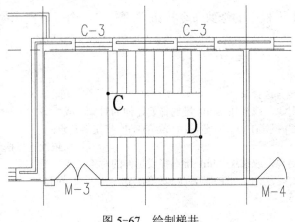

图 5-67　绘制梯井

3．绘制扶手

（1）单击【修改】面板中的偏移命令按钮，命令行提示如下：

```
命令：_offset
当前设置：删除源=否　图层=源　OFFSETGAPTYPE=0
指定偏移距离或 [通过(T)/删除(E)/图层(L)] <通过>: 60        //输入 60 并回车
选择要偏移的对象，或 [退出(E)/放弃(U)] <退出>:              //选择图 5-67 中的矩形
指定要偏移的那一侧上的点，或 [退出(E)/多个(M)/放弃(U)] <退出>:
                                                          //在矩形外部单击左键
选择要偏移的对象，或 [退出(E)/放弃(U)] <退出>:              //选择刚刚偏移复制出的矩形
指定要偏移的那一侧上的点，或 [退出(E)/多个(M)/放弃(U)] <退出>:
                                                          //在矩形外部单击左键
选择要偏移的对象，或 [退出(E)/放弃(U)] <退出>:              //回车
```

结果如图 5-68 所示。

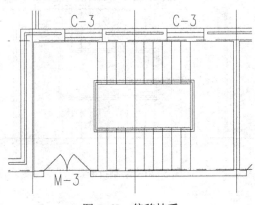

图 5-68　偏移扶手

（2）单击【修改】面板中的分解命令按钮，命令行提示如下：

```
命令：_explode
选择对象：找到 1 个
选择对象：找到 1 个，总计 2 个       //选择两跑梯段
选择对象：                           //回车，将两跑楼梯分解成直线
```

（3）单击【修改】面板中的修剪命令按钮 ✂修剪 ▼，命令行提示如下：

命令: _trim
当前设置:投影=UCS，边=延伸
选择剪切边…
选择对象或 <全部选择>:   //回车
选择要修剪的对象，或按住 Shift 键选择要延伸的对象，或
[栏选(F)/窗交(C)/投影(P)/边(E)/删除(R)/放弃(U)]: 指定对角点:
                                              //依次选择扶手内部的直线
选择要修剪的对象，或按住 Shift 键选择要延伸的对象，或
[栏选(F)/窗交(C)/投影(P)/边(E)/删除(R)/放弃(U)]:   //回车

结果如图 5-69 所示。

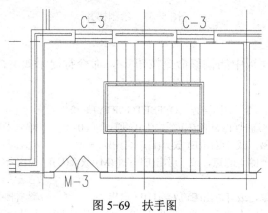

图 5-69　扶手图

4．绘制折断线

运用直线、偏移、修剪、延伸等命令绘制折断线，如图 5-70 所示。

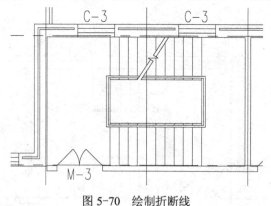

图 5-70　绘制折断线

5．绘制方向箭头

单击【绘图】面板中的多段线命令按钮 ⤴，命令行提示如下：

命令: _pline
指定起点: //下部梯段中点向左合适位置确定起点 E（图 5-71）
当前线宽为 0.0000
指定下一个点或 [圆弧(A)/半宽(H)/长度(L)/放弃(U)/宽度(W)]:
                                         //水平向右合适位置单击左键

指定下一点或 [圆弧(A)/闭合(C)/半宽(H)/长度(L)/放弃(U)/宽度(W)]:
　　　　　　　　　　　　　　　　//垂直向上合适位置单击左键
指定下一点或 [圆弧(A)/闭合(C)/半宽(H)/长度(L)/放弃(U)/宽度(W)]:
　　　　　　　　　　　　　　　　//水平向左合适位置单击左键
指定下一点或 [圆弧(A)/闭合(C)/半宽(H)/长度(L)/放弃(U)/宽度(W)]: W
　　　　　　　　　　　　　　　　//输入 W 并回车选择"宽度"选项
指定起点宽度 <0.0000>: 100　　　//输入 100 并回车设置起点宽度为 100
指定端点宽度 <100.0000>: 0　　　//输入 0 并回车设置端点宽度为 0
指定下一点或 [圆弧(A)/闭合(C)/半宽(H)/长度(L)/放弃(U)/宽度(W)]:
　　　　　　　　　　　　　　　　//水平向左合适位置单击左键
指定下一点或 [圆弧(A)/闭合(C)/半宽(H)/长度(L)/放弃(U)/宽度(W)]:　　//回车

同样，可以绘制向上的方向箭头。结果如图 5-71 所示。

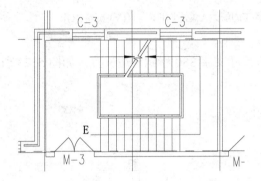

图 5-71　绘制方向箭头

6．标注文字

运用单行文字命令标注楼梯的方向，文字样式为"数字"，文字高度为"350"，旋转角度为"0"。打开"柱子"图层，如图 5-72 所示。

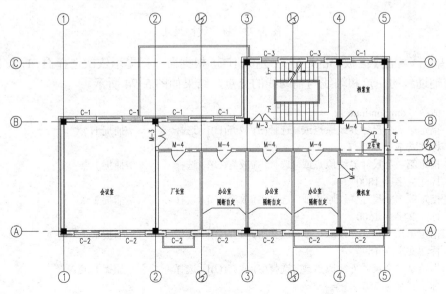

图 5-72　标注楼梯方向

任务 5.9　标注尺寸

1．设置当前层

将"尺寸标注"层设置为当前层，当前标注样式设置为"建筑"标注样式。

2．标注外部尺寸

（1）运用直线命令绘制辅助线 FM，如图 5-74 所示。

（2）单击【注释】选项卡【标注】面板中的线性命令按钮 ⊢⊣，命令行提示如下：

　　命令：_dimlinear
　　指定第一个尺寸界线原点或 <选择对象>：　　//捕捉外墙与辅助线的交点 F（图 5-73）
　　指定第二条尺寸界线原点：　　　　　　　　//捕捉轴线与辅助线的交点 G
　　指定尺寸线位置或
　　[多行文字(M)/文字(T)/角度(A)/水平(H)/垂直(V)/旋转(R)]：
　　标注文字 = 380　　　　　　　　　　　　　　//合适位置单击左键

运用夹点移动功能将尺寸文字 380 移到合适位置，如图 5-73 所示。

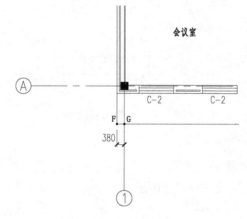

图 5-73　标注线性尺寸

（3）单击【标注】面板中的连续命令按钮 ⊢⊣，根据命令行提示依次选择 H、I、J、K、L……窗洞口与辅助线的交点和轴线与辅助线的交点，结果如图 5-74 所示。

　　命令：_dimcontinue
　　指定第二个尺寸界线原点或 [选择(S)/放弃(U)] <选择>：　　//捕捉 H 点
　　标注文字 = 750
　　指定第二个尺寸界线原点或 [选择(S)/放弃(U)] <选择>：　　//捕捉 I 点
　　标注文字 = 1800
　　指定第二个尺寸界线原点或 [选择(S)/放弃(U)] <选择>：　　//捕捉 J 点
　　标注文字 = 1500
　　指定第二个尺寸界线原点或 [选择(S)/放弃(U)] <选择>：　　//捕捉 K 点
　　标注文字 = 1800
　　指定第二个尺寸界线原点或 [选择(S)/放弃(U)] <选择>：　　//捕捉 L 点
　　标注文字 = 750
　　……　　　　　　　　　　　　　　　　　//依次捕捉窗洞口与辅助线的交点和轴线与辅助线的交点

指定第二个尺寸界线原点或 [选择(S)/放弃(U)] <选择>:　　//回车

运用夹点移动功能移动尺寸文字，结果如图 5-74 所示。

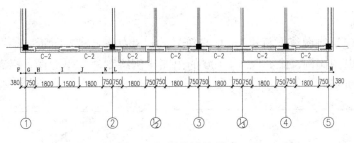

图 5-74　标注连续尺寸

（4）运用线性标注和连续标注命令标注轴线尺寸和总尺寸，删除辅助线，并运用拉伸命令调整轴标号的位置，结果如图 5-75 所示。

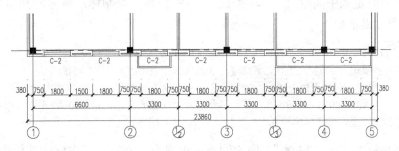

图 5-75　下部尺寸标注

（5）同样，利用线性标注命令及连续标注命令标注其他的尺寸线，如图 5-76 所示。

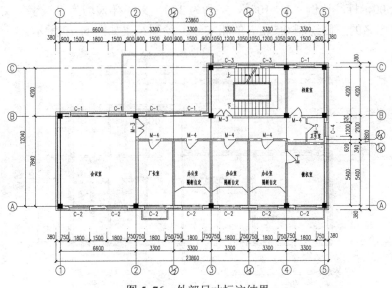

图 5-76　外部尺寸标注结果

注意：默认情况下，有些尺寸是重叠的，可以利用对象的夹点编辑功能将尺寸标注文字移动到合适的位置。

3．标注内部尺寸

内部尺寸可以运用线性标注命令和连续标注命令绘制，同时结合夹点移动功能调整尺寸文字的位置。

4．标注标高

根据《房屋建筑制图统一标准》，标高符号的尺寸如图 5-77 所示。绘图时，标高符号的垂直高度应乘以出图比例，比如以 1∶100 的出图比例绘制建筑平面图，标高符号的高度应为 300，如图 5-78 所示。

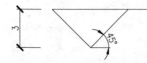
图 5-77　1∶1 标高符号尺寸

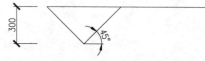
图 5-78　1∶100 出图比例标高符号尺寸

在二层平面图走廊中间以 1∶100 的比例（图 5-78）绘制标高符号，并用单行文字命令写 3.900，命令行提示如下：

```
命令: TEXT
当前文字样式：  "数字"   文字高度：300.0000   注释性：否   对正：左
指定文字的起点 或 [对正(J)/样式(S)]:            //在标高符号上侧单击左键
指定高度 <300.0000>: 350                        //输入文字高度 350 并回车
指定文字的旋转角度 <0>:                         //回车
```

在文字书写状态输入 "3.900"，两次回车结束命令。同样，可以标注其他位置的标高。

5．标注图名

将 "文本" 图层置为当前，运用单行文字命令在二层平面图的下侧标注图名 "二层平面图"，字高为 500，标注比例 "1∶100"，字高为 350，文字样式均为 "汉字" 文字样式。再运用直线命令在图名的下侧绘制 0.5 mm 的粗实线。绘图结果如图 5-79 所示。

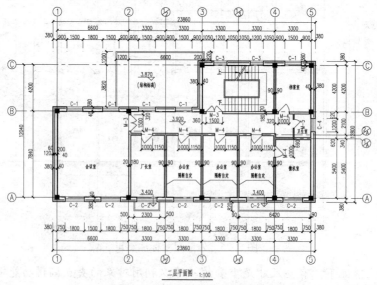

图 5-79　平面图最终绘制结果

6. 保存文件

单击快速访问工具栏中的保存命令按钮 🖫 保存文件。

【项目小结】

本项目主要讲述了某办公楼二层建筑平面图的整个绘制过程。墙体用多线命令绘制，并用多线编辑命令修改。修改"T"形相交的墙体时应注意选择墙体的顺序。门和窗可以创建成块，再插入；也可以直接绘制。如果在其他的图形中需要多次用到门块和窗块，可以用"wblock"命令将其定义成外部块，再用"插入块"命令插入到当前图形中。楼梯用直线、矩形、偏移、阵列等命令绘制。

思考与练习

1. 思考题

（1）绘制一张完整的建筑平面图有哪几个步骤？
（2）用多线命令绘制墙体之前，如何设置多线样式？
（3）门和窗图形块在创建和插入时对图层有何要求？
（4）建筑图尺寸标注一般应修改哪些设置？

2. 绘图题

绘制如图 5-80 所示的办公楼一层平面图。

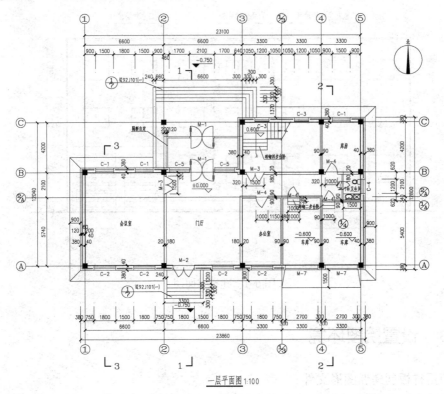

图 5-80 办公楼一层平面图

项目 6 绘制建筑立面图

建筑立面图主要表现建筑物的立面及建筑外形轮廓。如房屋的总高度、檐口、屋顶的形状及大小等，还表示墙面、屋顶等各部分使用的建筑材料做法等。同时也表示门、窗的式样，室外台阶、雨篷、雨水管的形状及位置等。

本项目将以图 6-1 所示的某办公楼南立面图为例，详细讲述建筑立面图的绘制过程及方法。本项目涉及命令主要有：偏移、复制、阵列、填充等。绘制过程如下。

- 设置绘图环境
- 绘制轴线
- 绘制地坪线和轮廓线
- 绘制窗
- 绘制门
- 绘制散水和勒角
- 标注室外装修做法
- 标注标高、尺寸和图名

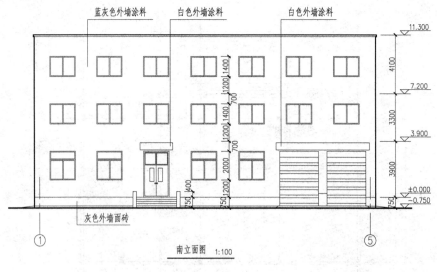

图 6-1 建筑立面图

任务 6.1 设置绘图环境

1. 使用样板创建新图形文件

单击快速访问工具栏中的新建命令按钮，弹出【选择样板】对话框。从【查找范围】

下拉列表框和【名称】列表框选择项目 3 建立的样板文件"建筑图模板.dwt"所在的路径并选中该文件，单击【打开】按钮，进入 AutoCAD 2019 绘图界面。

2．设置绘图区域

单击下拉菜单栏中的【格式】|【图形界限】命令，命令行提示如下：

命令:'_limits
重新设置模型空间界限：
指定左下角点或 [开(ON)/关(OFF)] <0.0000,0.0000>:   //回车默认左下角坐标为 0,0
指定右上角点 <420.0000,297.0000>: 42000,29700
                                             //指定右上角坐标为 42000,29700

注意：本例中采用 1∶1 的比例绘图，而按三号图纸 1∶100 的比例出图，所以设置的绘图范围长 42000，宽 29700。对应的图框线和标题栏需放大 100 倍。

3．显示全部作图区域

在命令行中输入 ZOOM 命令并回车，再输入 A 并回车，选择"全部(A)"选项，显示图形界限。

4．修改图层

（1）单击【图层】面板中的图层特性按钮，弹出【图层特性管理器】对话框，单击新建图层按钮，新建 2 个图层：辅助线、立面。

（2）设置颜色。单击"辅助线"层对应的颜色图标，设置该层颜色为红色；单击"立面"层对应的颜色图标，设置该层颜色为白色。

（3）设置线型。将"辅助线"层的线型设置为"CENTER2"，"立面"层的线型保留默认的"Continuous"实线型。

（4）单击【确定】按钮，返回到 AutoCAD 作图界面。

注意：本例在项目 3 所创建的样板"建筑图模板.dwt"的基础上增加 2 个图层，在绘图时可根据需要决定图层的数量及相应的颜色与线型。

5．设置文字样式和标注样式

（1）本例使用"建筑图模板.dwt"中的文字样式，"汉字"样式采用"仿宋"字体，宽度比例设为 0.8；"数字"样式采用"Simplex.shx"字体，宽度比例设为 0.8，用于书写数字及特殊字符。

（2）单击【默认】选项卡【注释】面板中的【标注样式】命令按钮，弹出【标注样式管理器】对话框，选择"建筑"标注样式，然后单击【修改】按钮，弹出【修改标注样式：建筑】对话框，将【调整】选项卡中【标注特征比例】中的"使用全局比例"修改为 100，如图 5-3 所示。单击【确定】按钮，退出【修改标注样式：建筑】对话框，再单击【标注样式管理器】对话框中的【关闭】按钮，完成标注样式的设置。

6．设置线型比例

单击菜单栏中的【格式】|【线型】命令，弹出【线型管理器】对话框。设置"详细信息"选项区域中的"全局比例因子"为 100，如图 5-4 所示。

如果【线型管理器】对话框中没显示"详细信息"选项区域，如图 5-5 所示，可以单击该对话框中的【显示细节】按钮，显示"详细信息"选项区域，同时【显示细节】按钮将变成图 5-4 中的【隐藏细节】按钮。

注意：在扩大了图形界限的情况下，为使点划线能正常显示，须将全局比例因子按比例放大。也可以在命令行输入线型比例命令 LTS 并回车，将全局比例因子设置为 100。

7. 完成设置并保存文件

单击快速访问工具栏中的保存命令按钮，打开【图形另存为】对话框。输入文件名称"某办公楼南立面图"，单击【图形另存为】对话框中的【保存】命令按钮保存文件。

至此，绘图环境的设置已基本完成，这些设置对于绘制一幅高质量的工程图纸而言非常重要。

任务 6.2　绘制轴线

1. 打开文件

打开上一任务存盘的文件"某办公楼南立面图.dwg"，将"轴线"层设置为当前层。打开极轴追踪功能，并将极轴增量角设置为 90 度。打开对象捕捉功能，设置对象捕捉方式为"端点""交点""象限点""圆心"捕捉方式。打开对象捕捉追踪和动态输入功能。

2. 绘制轴线

（1）绘制①轴。单击【绘图】面板中的直线命令按钮，命令行提示如下：

```
命令: _line
指定第一个点:                        //在绘图区的左下角任意位置单击鼠标左键
指定下一点或 [放弃(U)]:4000
                                    //沿垂直向上方向输入 4000 并回车，轴线的长度暂定为 4000 mm
指定下一点或 [放弃(U)]:              //按回车键，结束命令
```

（2）绘制⑤轴。单击【修改】面板中的偏移命令按钮，命令行提示如下：

```
命令: _offset
当前设置: 删除源=否  图层=源  OFFSETGAPTYPE=0
指定偏移距离或 [通过(T)/删除(E)/图层(L)] <通过>:23100
                                    //输入①轴、⑤轴之间的距离 23100 并回车
选择要偏移的对象，或 [退出(E)/放弃(U)] <退出>:    //选择①轴
指定要偏移的那一侧上的点，或 [退出(E)/多个(M)/放弃(U)] <退出>:
                                    //在①轴的右侧单击鼠标左键以确定偏移的方向
选择要偏移的对象，或 [退出(E)/放弃(U)] <退出>:
                                    //按回车键，结束命令
```

3. 标注轴号

（1）单击【特性】面板【线型】下拉列表右侧的下三角号，如图 5-9 所示，从当前已有线型中选择"Continuous"实线线型为当前线型。

（2）单击【绘图】面板中的圆命令按钮，在绘图区的任一空白位置绘制一个半径为 400 的圆。

（3）单击【注释】面板中的【注释】按钮，设置当前文字样式为"数字"文字样式，如图 5-10 所示。

在命令行中输入单行文字命令快捷键 DT，回车后命令行提示如下：

```
命令: DT
TEXT
当前文字样式: "数字"  文字高度: 300.0000  注释性: 否  对正: 左
指定文字的起点 或 [对正(J)/样式(S)]: j          //输入 j 并回车,选择"对正"选项
输入选项 [左(L)/居中(C)/右(R)/对齐(A)/中间(M)/布满(F)/左上(TL)/中上(TC)/右上(TR)/左中(ML)/
正中(MC)/右中(MR)/左下(BL)/中下(BC)/右下(BR)]: mc
                                              //输入 mc 并回车,选择"正中"对齐方式
指定文字的中间点:                              //捕捉圆的圆心
指定高度 <300.0000>: 500                       //输入 500 并回车,设置文字高度为 500
指定文字的旋转角度 <0>:                        //按回车键
```

进入输入文字状态,输入文字"1",按回车键,转入下一行,再一次按回车键,结束命令,如图 6-2 所示。

(4) 单击【修改】面板中的移动命令按钮 ✥,运用"象限点"捕捉和"端点"捕捉,将轴号①移动到如图 6-3 所示的位置。

```
命令:move
选择对象: 指定对角点: 找到 2 个               //选择图 6-2 中的轴标号
选择对象:                                    //回车
指定基点或 [位移(D)] <位移>:                 //捕捉圆上端象限点(图 6-3)
指定第二个点或 <使用第一个点作为位移>:       //捕捉①轴线下端端点
```
结果如图 6-4 所示。

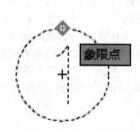

图 6-2 绘制轴标号 　　图 6-3 象限点捕捉 　　图 6-4 移动轴标号

(5) 单击【修改】面板中的复制命令按钮 ❀,运用多重复制命令复制轴号①,如图 6-5 所示。

图 6-5 复制后的结果

(6) 在命令行中输入文字编辑命令 ED 并回车,选择需要修改的轴号,将其修改成正确

的轴编号。结果如图 6-6 所示。

图 6-6　修改后的结果

4．保存文件

单击快速访问工具栏中的保存命令按钮 保存文件。

任务 6.3　绘制地坪线和轮廓线

1．设置当前层

将"立面"图层设为当前层。

2．绘制地坪线

单击【绘图】面板中的多段线命令按钮，命令行提示如下：

```
命令：PLINE
指定起点：
当前线宽为 0.0000                         //在①轴左侧合适位置单击左键
指定下一个点或 [圆弧(A)/半宽(H)/长度(L)/放弃(U)/宽度(W)]: w    //输入 w 并回车设置线宽
指定起点宽度 <0.0000>: 80                //输入 80 并回车，设置起点线宽为 80
指定端点宽度 <80.0000>: 80               //输入 80 并回车，设置端点线宽为 80
指定下一个点或 [圆弧(A)/半宽(H)/长度(L)/放弃(U)/宽度(W)]:
                                        //沿水平向右方向在⑤轴右侧合适位置单击左键
指定下一点或 [圆弧(A)/闭合(C)/半宽(H)/长度(L)/放弃(U)/宽度(W)]:   //回车，结束命令
```

绘图结果如图 6-7 所示。

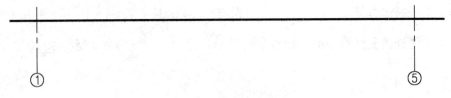

图 6-7　绘制地坪线

3．绘制轮廓线

（1）空格键重复多段线命令，命令行提示如下：

```
命令：
PLINE
指定起点: 380         //沿①轴与地坪线的交点水平向左追踪 300 并回车，确定 A 点（图 6-8）
当前线宽为 80.0000
```

指定下一个点或 [圆弧(A)/半宽(H)/长度(L)/放弃(U)/宽度(W)]: w
　　　　　　　　　　　　　　　　//输入 w 并回车选择"宽度"选项
指定起点宽度 <80.0000>:50　　　　//输入 50 并回车,设置起点宽度
指定端点宽度 <50.0000>:50　　　　//输入 50 并回车,设置端点宽度
指定下一个点或 [圆弧(A)/半宽(H)/长度(L)/放弃(U)/宽度(W)]: 11930
　　　　　　　　　　　　　　　　//沿垂直向上方向输入 11930 并回车确定 B 点
指定下一点或 [圆弧(A)/闭合(C)/半宽(H)/长度(L)/放弃(U)/宽度(W)]: 60
　　　　　　　　　　　　　　　　//沿水平向左方向输入 60 并回车
指定下一点或 [圆弧(A)/闭合(C)/半宽(H)/长度(L)/放弃(U)/宽度(W)]: 120
　　　　　　　　　　　　　　　　//沿垂直向上方向输入 120 并回车
指定下一点或 [圆弧(A)/闭合(C)/半宽(H)/长度(L)/放弃(U)/宽度(W)]: 23980
　　　　　　　　　　　　　　　　//沿水平向右方向输入 23980 并回车
指定下一点或 [圆弧(A)/闭合(C)/半宽(H)/长度(L)/放弃(U)/宽度(W)]: 120
　　　　　　　　　　　　　　　　//沿垂直向下方向输入 120 并回车
指定下一点或 [圆弧(A)/闭合(C)/半宽(H)/长度(L)/放弃(U)/宽度(W)]: 60
　　　　　　　　　　　　　　　　//沿水平向左方向输入 60 并回车确定 C 点
指定下一点或 [圆弧(A)/闭合(C)/半宽(H)/长度(L)/放弃(U)/宽度(W)]:
　　　　　　　　　　　　　　　　//沿垂直向下方向捕捉与地坪线的交点 D
指定下一点或 [圆弧(A)/闭合(C)/半宽(H)/长度(L)/放弃(U)/宽度(W)]:　　//回车,结束命令

(2) 单击【绘图】面板中的直线命令按钮 ，命令行提示如下:

命令:_line
指定第一个点:　　　　　　　　　　//捕捉 B 点
指定下一点或 [放弃(U)]:　　　　　//捕捉 C 点
指定下一点或 [放弃(U)]:　　　　　//回车

绘图结果如图 6-8 所示。

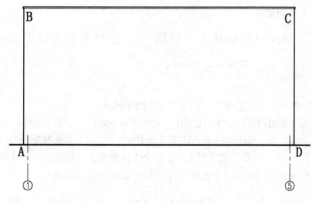

图 6-8　绘制外轮廓线

任务 6.4　绘制窗

　　窗户是立面图上的重要图形对象,在绘制窗之前,先观察一下这栋建筑物上一共有多少种类的窗户,在 AutoCAD 2019 作图的过程中,每种窗户只需作出一个,其余都可以利用

AutoCAD 2019 的复制命令或阵列命令来实现。

绘制窗户的步骤如下。

1. 绘制辅助线

绘制辅助线，如图 6-9 所示。

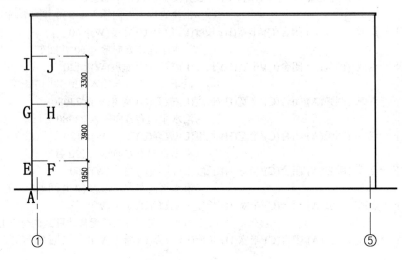

图 6-9　绘制辅助线

（1）将"辅助线"层设置为当前层。

（2）单击【绘图】面板中的直线命令按钮，绘制辅助线 EF，命令行提示如下：

```
命令: _line
指定第一个点: 1950              //沿 A 点垂直向上追踪，输入 1950 并回车
指定下一点或 [放弃(U)]: 1130    //沿水平向右极轴方向输入 1130 并回车
指定下一点或 [放弃(U)]:         //回车
```

（3）单击【修改】面板中的偏移命令按钮，偏移复制出辅助线 GH、IJ，命令行提示如下：

```
命令: _offset
当前设置: 删除源=否  图层=源  OFFSETGAPTYPE=0
指定偏移距离或 [通过(T)/删除(E)/图层(L)] <通过>: 3900    //输入 3900 并回车
选择要偏移的对象，或 [退出(E)/放弃(U)] <退出>:          //选择辅助线 EF
指定要偏移的那一侧上的点，或 [退出(E)/多个(M)/放弃(U)] <退出>:  //辅助线 EF 上侧单击左键
选择要偏移的对象，或 [退出(E)/放弃(U)] <退出>:          //回车
```

（4）再一次按回车键，输入上一次偏移复制命令，命令行提示如下：

```
命令: OFFSET
当前设置: 删除源=否  图层=源  OFFSETGAPTYPE=0
指定偏移距离或 [通过(T)/删除(E)/图层(L)] <3900.0000>: 3300  //输入 3300 并回车
选择要偏移的对象，或 [退出(E)/放弃(U)] <退出>:          //选择辅助线 GH
指定要偏移的那一侧上的点，或 [退出(E)/多个(M)/放弃(U)] <退出>:  //辅助线 GH 上侧单击左键
选择要偏移的对象，或 [退出(E)/放弃(U)] <退出>:          //回车
```

2. 绘制底层最左面的窗

（1）将"门窗"层设为当前层。

（2）单击【绘图】面板中的矩形命令按钮 ▭，绘制窗户的外轮廓线，命令行提示如下：

命令: _rectang
指定第一个角点或 [倒角(C)/标高(E)/圆角(F)/厚度(T)/宽度(W)]:   //捕捉 F 点（图 6-9）
指定另一个角点或 [面积(A)/尺寸(D)/旋转(R)]: d   //输入 d 并回车，选择"尺寸"选项
指定矩形的长度 <10.0000>: 1800   //输入 1800 并回车
指定矩形的宽度 <10.0000>: 2000   //输入 2000 并回车
指定另一个角点或 [面积(A)/尺寸(D)/旋转(R)]:   //在 F 点右上方单击左键

（3）运用矩形命令、直线命令、偏移命令等按图 6-10 绘制窗内部图形，绘图结果如图 6-11 所示。

图 6-10 底层窗尺寸

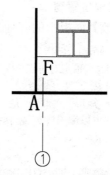

图 6-11 底层窗位置

3. 绘制二层左侧窗

（1）单击【绘图】面板中的矩形命令按钮 ▭，绘制窗户的外轮廓线，命令行提示如下：

命令: _rectang
指定第一个角点或 [倒角(C)/标高(E)/圆角(F)/厚度(T)/宽度(W)]:   //捕捉 H 点（图 6-13）
指定另一个角点或 [面积(A)/尺寸(D)/旋转(R)]: d   //输入 d 并回车，选择"尺寸"选项
指定矩形的长度<1800.0000>: 1800   //输入 1800 并回车
指定矩形的宽度<2000.0000>: 1400   //输入 1400 并回车
指定另一个角点或 [面积(A)/尺寸(D)/旋转(R)]:   //在 H 点右上方单击左键

（2）运用矩形命令、直线命令、偏移命令等按图 6-12 绘制二层窗内部图形，绘图结果如图 6-13 所示。

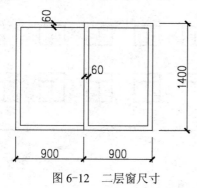

图 6-12 二层窗尺寸

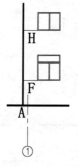

图 6-13 二层窗位置

4. 复制三层窗

(1) 单击【修改】面板中的复制命令按钮，命令行提示如下：

```
命令:_copy
选择对象: 指定对角点: 找到 6 个              //选择图 6-13 中二层窗
选择对象:                                    //回车
当前设置: 复制模式 = 多个
指定基点或 [位移(D)/模式(O)]<位移>:          //捕捉 H 点（图 6-9）
指定第二个点或 [阵列(A)]<使用第一个点作为位移>:  //捕捉 J 点（图 6-9）
指定第二个点或 [阵列(A)/退出(E)/放弃(U)]<退出>:  //回车
```

复制结果如图 6-14 所示。

(2) 删除辅助线。用【修改】面板中的删除命令删除辅助线 EF、GH、IJ。

5. 阵列其他位置窗

单击【修改】面板中的阵列命令按钮，命令行提示如下：

```
命令:_arrayrect
选择对象: 指定对角点: 找到 22 个              //选择图 6-14 中三个窗户
选择对象:                                    //回车
类型 = 矩形  关联 = 是
选择夹点以编辑阵列或 [关联(AS)/基点(B)/计数(COU)/间距(S)/列数(COL)/行数(R)/层数(L)/退出(X)]<退出>: R    //输入 R 并回车选择"行数"选项

输入行数或 [表达式(E)]<3>: 1                 //输入 1 并回车
指定 行数 之间的距离或 [总计(T)/表达式(E)]<12900>:  //回车
指定 行数 之间的标高增量或 [表达式(E)]<0>:    //回车
选择夹点以编辑阵列或 [关联(AS)/基点(B)/计数(COU)/间距(S)/列数(COL)/行数(R)/层数(L)/退出(X)]<退出>: COL   //输入 COL 并回车，选择"列数"选项
输入列数数或 [表达式(E)]<4>: 7                //输入 7 并回车，设置列数
指定 列数 之间的距离或 [总计(T)/表达式(E)]<2700>: 3300  //输入 3300 并回车
选择夹点以编辑阵列或 [关联(AS)/基点(B)/计数(COU)/间距(S)/列数(COL)/行数(R)/层数(L)/退出(X)]<退出>:  //回车
```

阵列结果如图 6-15 所示。

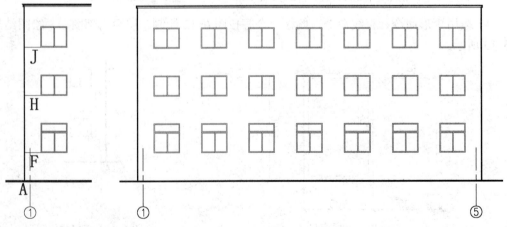

图 6-14 复制三层窗　　　　　　图 6-15 阵列窗

6. 删除门位置的窗

单击【修改】面板中的分解命令按钮，根据提示选择阵列出的窗，按空格键确认，将窗分解。运用【修改】面板中的删除命令删除一层门位置的窗，如图6-16所示。

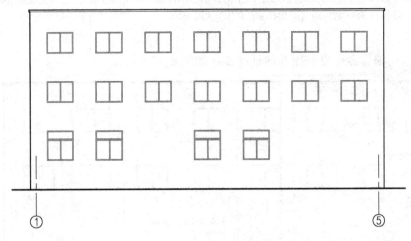

图6-16 删除部分窗

注意：在立面图中，也可以采用另外一种方法绘制窗户。由于窗户都应符合国家标准，所以可以提前绘制一些一定模数的窗户，然后按照前面项目讲述的方法保存成图块，在需要的时候直接插入即可。

任务6.5 绘制门

在本项目的立面图中，一层有两个门，分别是 M-2 和 M-7，M-2 洞口尺寸是 1800×3200，M-7 洞口尺寸是 2700×3800，门的位置应结合一层平面图和剖面图识读。

任务6.5.1 绘制 M-2

1. 绘制辅助线

绘制辅助线，如图6-17所示。

（1）将"辅助线"层设置为当前层。

（2）单击【绘图】面板中的直线命令按钮，在①轴和⑤轴位置绘制辅助线。

（3）单击【修改】面板中的偏移命令按钮，偏移复制其他辅助线，命令行提示如下：

```
命令: _offset
当前设置: 删除源=否  图层=源  OFFSETGAPTYPE=0
指定偏移距离或 [通过(T)/删除(E)/图层(L)] <750.0000>: 300      //输入 300 并回车
选择要偏移的对象，或 [退出(E)/放弃(U)] <退出>:               //选择⑤轴位置辅助线
指定要偏移的那一侧上的点，或 [退出(E)/多个(M)/放弃(U)] <退出>: //在⑤轴左侧单击左键
选择要偏移的对象，或 [退出(E)/放弃(U)] <退出>:               //回车，结束命令
命令: OFFSET             //直接回车，输入上一次偏移复制命令
```

```
当前设置: 删除源=否   图层=源   OFFSETGAPTYPE=0
指定偏移距离或 [通过(T)/删除(E)/图层(L)] <300.0000>: 2700   //输入 2700 并回车
选择要偏移的对象，或 [退出(E)/放弃(U)] <退出>:            //选择刚刚偏移复制出的辅助线
指定要偏移的那一侧上的点，或 [退出(E)/多个(M)/放弃(U)] <退出>:   //在左侧单击左键
选择要偏移的对象，或 [退出(E)/放弃(U)] <退出>:            //回车，结束命令
……
```

同样，运用偏移命令复制出其他辅助线，如图 6-17 所示。

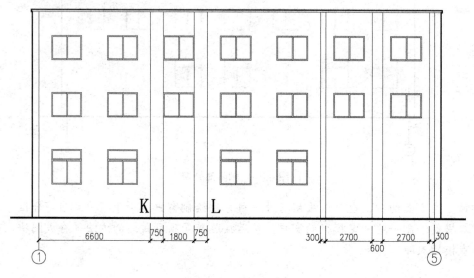

图 6-17   绘制辅助线

2. 绘制室外台阶

（1）将"立面"层设为当前层。启用对象捕捉功能，选择"端点""中点""交点"对象捕捉方式。

（2）绘制台阶挡板。单击【绘图】面板中的矩形命令按钮 ▭，命令行提示如下：

```
命令: _rectang
指定第一个角点或 [倒角(C)/标高(E)/圆角(F)/厚度(T)/宽度(W)]:        //捕捉 K 点（图 6-17）
指定另一个角点或 [面积(A)/尺寸(D)/旋转(R)]: d                  //输入 d 并回车，选择"尺寸"选项
指定矩形的长度 <10.0000>:240                              //输入 240 并回车
指定矩形的宽度 <10.0000>: 1150                            //输入 1150 并回车
指定另一个角点或 [面积(A)/尺寸(D)/旋转(R)]:                //右上方单击左键
```

直接回车，输入上一次矩形命令，命令行提示如下：

```
命令: _rectang
指定第一个角点或 [倒角(C)/标高(E)/圆角(F)/厚度(T)/宽度(W)]:        //捕捉 L 点（图 6-17）
指定另一个角点或 [面积(A)/尺寸(D)/旋转(R)]: d                  //输入 d 并回车，选择"尺寸"选项
指定矩形的长度 <240.0000>:                                //回车，矩形长度取默认值 240
指定矩形的宽度 <1150.0000>:                               //回车，矩形宽度取默认值 1150
指定另一个角点或 [面积(A)/尺寸(D)/旋转(R)]:                //左上方单击左键
```

绘图结果如图 6-18 所示。

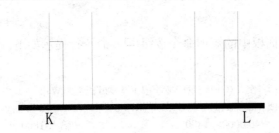

图 6-18 绘制挡板

（3）绘制室外台阶。

单击【绘图】面板中的直线命令按钮，绘制第一步台阶，命令行提示如下：

命令：_line
指定第一个点：150   //从 M 点（图 6-19）向上追踪 150 并回车
指定下一点或 [放弃(U)]：   //沿水平向右极轴方向取与右侧挡板的交点
指定下一点或 [放弃(U)]：   //回车

单击【修改】面板中的阵列命令按钮，复制其他台阶，命令行提示如下：

命令：_arrayrect
选择对象：找到 1 个   //选择第一步台阶
选择对象：   //回车
类型 = 矩形 关联 = 是
选择夹点以编辑阵列或 [关联(AS)/基点(B)/计数(COU)/间距(S)/列数(COL)/行数(R)/层数(L)/退出(X)] <退出>：r   //输入 r 并回车选择"行数"选项
输入行数数或 [表达式(E)] <3>：5   //输入 5 并回车设置行数
指定 行数 之间的距离或 [总计(T)/表达式(E)] <1>：150   //输入 150 并回车设置行间距
指定 行数 之间的标高增量或 [表达式(E)] <0>：   //回车
选择夹点以编辑阵列或 [关联(AS)/基点(B)/计数(COU)/间距(S)/列数(COL)/行数(R)/层数(L)/退出(X)] <退出>：col   //输入 col 并回车，选择"列数"选项
输入列数数或 [表达式(E)] <4>：1   //输入 1 并回车
指定 列数 之间的距离或 [总计(T)/表达式(E)] <4230>：   //回车
选择夹点以编辑阵列或 [关联(AS)/基点(B)/计数(COU)/间距(S)/列数(COL)/行数(R)/层数(L)/退出(X)] <退出>：   //回车

结果如图 6-19 所示。

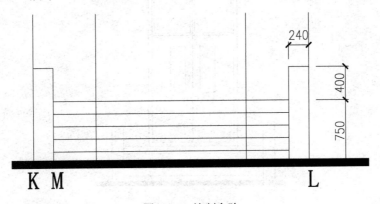

图 6-19 绘制台阶

3．绘制门

(1) 单击【绘图】面板中的矩形命令按钮▭，命令行提示如下：

```
命令: _rectang
指定第一个角点或 [倒角(C)/标高(E)/圆角(F)/厚度(T)/宽度(W)]:        //捕捉 N 点（图 6-20）
指定另一个角点或 [面积(A)/尺寸(D)/旋转(R)]: d                      //输入 d 并回车，选择"尺寸"选项
指定矩形的长度 <240.0000>: 1800                                   //输入 1800 并回车
指定矩形的宽度 <1150.0000>: 3200                                  //输入 3200 并回车
指定另一个角点或 [面积(A)/尺寸(D)/旋转(R)]:                        //右上方单击左键
```

(2) 运用直线命令、矩形命令、圆命令等按图 6-21 绘制门内部图形。

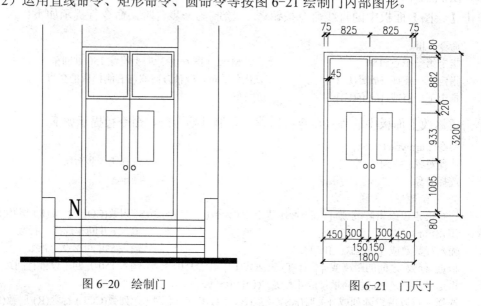

图 6-20　绘制门　　　　　　图 6-21　门尺寸

4．绘制雨篷

运用矩形命令、移动命令等绘制雨篷，运用删除命令删除 M-2 的辅助线，如图 6-22 所示。

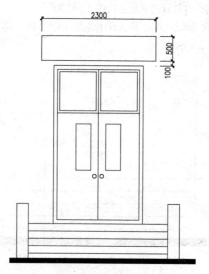

图 6-22　绘制雨篷

任务 6.5.2　绘制 M-7

M-7 的绘制方法与 M-2 基本相同，可以运用直线命令、矩形命令、修剪命令等，结合辅助线绘制。M-7 的尺寸如图 6-23 所示，绘制后删除辅助线，如图 6-24 所示。

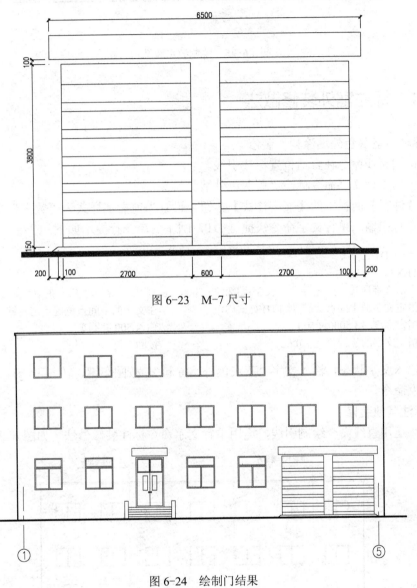

图 6-23　M-7 尺寸

图 6-24　绘制门结果

任务 6.6　绘制散水和勒脚

绘制散水和勒脚步骤如下。

（1）将"立面"图层置为当前。运用直线命令绘制散水，散水的宽度为 900。

（2）运用直线命令绘制勒角，勒角的高度为750，如图6-25所示。

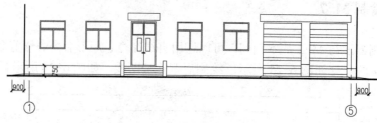

图 6-25　绘制散水和勒角

任务 6.7　标注室外装修做法

1. 标注"蓝灰色外墙涂料"装修

（1）运用直线命令在合适位置标注引线。
（2）运用单行文字命令标注"蓝灰色外墙涂料"。
单击【注释】面板中的【文字样式】按钮，设置当前文字样式为"数字"文字样式。
在命令行中输入单行文字命令快捷键DT，回车后命令行提示如下：

```
命令: DT
TEXT
当前文字样式: "数字"   文字高度: 3.5000   注释性: 否   对正: 正中
指定文字的中间点 或 [对正(J)/样式(S)]:       //在文字的中间点位置单击左键
指定高度 <3.5000>: 500                        //输入500并回车
指定文字的旋转角度 <0>:                       //按回车键
```

进入输入文字状态，输入文字"蓝灰色外墙涂料"，按回车键，转入下一行，再一次按回车键，结束命令。

2. 标注其他装修

同样，运用直线命令绘制引线，运用单行文字命令标注装修做法，如图6-26所示。

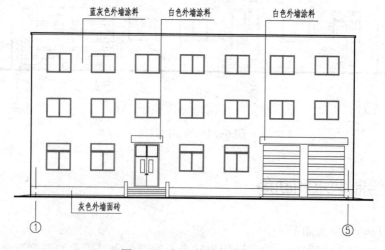

图 6-26　标注外墙装修做法

任务 6.8　标注标高、尺寸和图名

标注标高、尺寸和图名步骤如下。

（1）将"立面"图层置为当前。

（2）根据《房屋建筑制图统一标准》，标高符号的尺寸如图 6-27 所示。绘图时，标高符号的垂直高度应乘以出图比例，比如以 1∶100 的比例绘制建筑立面图，标高符号的高度应为 300，如图 6-28 所示。

图 6-27　1∶1 标高符号尺寸

图 6-28　1∶100 标高符号尺寸

（3）在立面图右下角的对应位置以 1∶100 的比例（图 6-28）绘制标高符号，并用单行文字命令写±0.000，命令行提示如下：

```
命令: TEXT
当前文字样式:  "数字"   文字高度: 300.0000   注释性: 否   对正: 左
指定文字的起点 或 [对正(J)/样式(S)]:        //在标高符号上侧单击左键
指定高度 <300.0000>: 300                    //输入文字高度 300 并回车
指定文字的旋转角度 <0>:                      //回车
```

在文字书写状态输入"%%P"，两次回车结束命令。结果如图 6-29 所示。

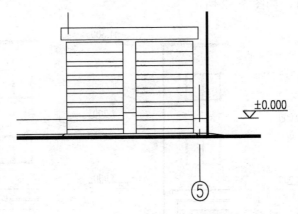

图 6-29　1∶100 绘制标高

（4）单击【修改】面板中的复制命令按钮 ，运用多重复制命令复制标高符号和标高文字，如图 6-30 所示。命令行提示如下：

```
命令: _copy
选择对象: 指定对角点: 找到 4 个
选择对象: 找到 1 个，总计 5 个          //选择标高符号和标高文字（图 6-29）
选择对象:                              //回车
```

当前设置：复制模式 = 多个
指定基点或 [位移(D)/模式(O)] <位移>:　　　　　//任意位置单击左键
指定第二个点或 [阵列(A)] <使用第一个点作为位移>: 3900
　　　　　　　　　　　　　　　　　　　　　　//沿垂直向上方向输入 3900 并回车
指定第二个点或 [阵列(A)/退出(E)/放弃(U)] <退出>: 7200
　　　　　　　　　　　　　　　　　　　　　　//沿垂直向上方向输入 7200 并回车
指定第二个点或 [阵列(A)/退出(E)/放弃(U)] <退出>: 11300
　　　　　　　　　　　　　　　　　　　　　　//沿垂直向上方向输入 11300 并回车
指定第二个点或 [阵列(A)/退出(E)/放弃(U)] <退出>:750
　　　　　　　　　　　　　　　　　　　　　　//沿垂直向下方向输入 750 并回车
指定第二个点或 [阵列(A)/退出(E)/放弃(U)] <退出>:
　　　　　　　　　　　　　　　　　　　　　　//回车

（5）键盘输入 ED 并回车，修改标高符号文字内容，如图 6-31 所示，命令行提示如下：

命令: ED
DDEDIT
选择注释对象或 [放弃(U)]:　　　　//选择-0.750 位置标高文字，修改成-0.750，并回车
选择注释对象或 [放弃(U)]:　　　　//选择 3.900 位置标高文字，修改成 3.900，并回车
选择注释对象或 [放弃(U)]:　　　　//选择 7.200 位置标高文字，修改成 7.200，并回车
选择注释对象或 [放弃(U)]:　　　　//选择 11.300 位置标高文字，修改成 11.300，并回车
选择注释对象或 [放弃(U)]:　　　　//回车

（6）将"尺寸标注"图层置为当前，"建筑"标注样式置为当前。运用线性标注命令和连续标注命令标注尺寸，如图 6-32 所示。

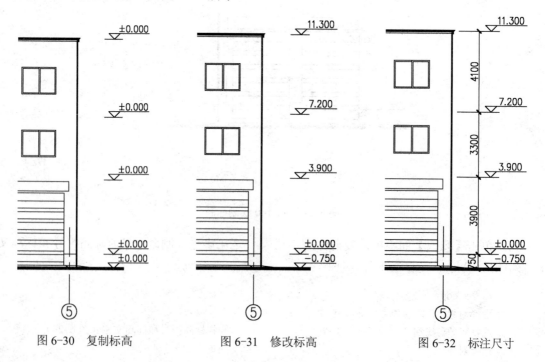

图 6-30　复制标高　　　　　图 6-31　修改标高　　　　　图 6-32　标注尺寸

（7）同样，运用线性标注命令和连续标注命令标注窗户的高度、窗台高等。

（8）标注图名。将"文本"图层置为当前，运用单行文字命令在立面图的下侧标注图名"南立面图"，字高为 500，标注比例"1∶100"，字高为 350，文字样式均为"数字"文字样式。再运用直线命令在图名的下侧绘制 0.5mm 的粗实线。绘图结果如图 6-33 所示。

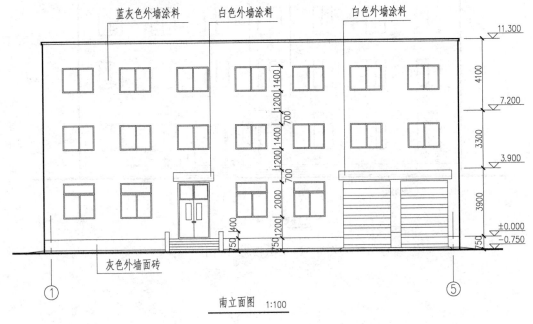

图 6-33　南立面图

（9）单击快速访问工具栏中的保存命令按钮 保存文件。

【项目小结】

本章着重介绍了绘制建筑立面图的一般方法，并利用 AutoCAD 2019 绘制了一幅完整的建筑立面图。绘制建筑立面图首先要设置绘图环境，再绘制出辅助线，然后，再分别按底层、标准层和顶层的顺序逐层绘制。标准层中的图形可只画出一层的，然后用阵列命令绘制出其他层。如果立面图是对称的，则只需画出一半，再利用镜像命令绘制出另一半。立面图尺寸标注方法与平面图基本一致。同时，必须注意建筑立面图必须和建筑总平面图、建筑平面图和建筑剖面图相互对应。

思考与练习

1．思考题

（1）简述利用 AutoCAD 2019 绘制建筑立面图的基本过程。

（2）建筑立面图中的窗如何绘制？

（3）在绘制建筑立面图时，阵列命令和镜像命令有何作用？

（4）如何标注立面图中的标高？

2. 绘图题

绘制如图 6-34 所示的办公楼北立面图。

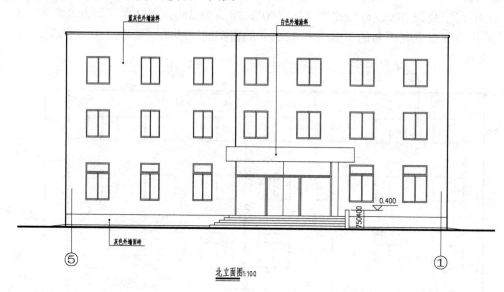

图 6-34 办公楼北立面图

项目 7　绘制建筑剖面图

项目 5 和项目 6 完成了建筑物平面图和立面图的绘制，要进一步反映出建筑物的内部结构，就需要用到建筑剖面图。建筑剖面图是将建筑物作竖直剖切所形成的剖视图，主要表示建筑物在垂直方向上各部分的形状、尺寸和组合关系，以及在建筑物剖面位置的层数、层高、结构形式和构造方法，建筑剖面图与建筑平面图、建筑立面图相配套。

建筑剖面图的剖切位置一般选在建筑物内部构造复杂或者具有代表性的位置，使之能够反映建筑物内部的构造特征。剖切平面一般垂直于建筑物的长向，且宜通过楼梯或门窗。要完整表现出建筑物的内部结构，需要绘制多个剖面图。

用 AutoCAD 绘制建筑剖面图，绘制过程与绘制立面图基本相同。本项目将以图 7-1 所示的剖面图为例，详细讲述建筑剖面图的绘制过程及方法。绘制过程如下。

- 设置绘图环境
- 绘制轴线
- 绘制墙体、楼地面和框架梁
- 绘制门窗
- 绘制屋顶结构
- 绘制室外台阶和雨篷
- 标注尺寸、标高、图名

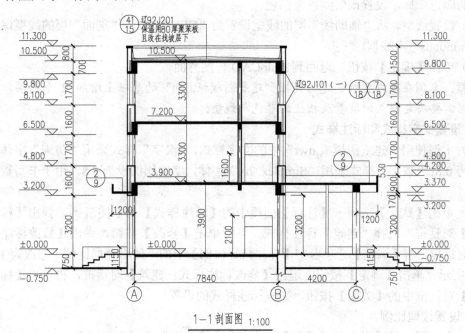

图 7-1　办公楼 1-1 剖面图

任务 7.1 设置绘图环境

1. 使用样板创建新图形文件

单击快速访问工具栏中的新建命令按钮 ，弹出【选择样板】对话框。从【查找范围】下拉列表框和【名称】列表框选择项目 3 建立的样板文件"建筑图模板.dwt"所在的路径并选中该文件，单击【打开】按钮，进入 AutoCAD 2019 绘图界面。

2. 设置绘图区域

单击下拉菜单栏中的【格式】|【图形界限】命令，命令行提示如下：

```
命令: '_limits
重新设置模型空间界限:
指定左下角点或 [开(ON)/关(OFF)] <0.0000,0.0000>:          //回车默认左下角坐标为 0,0
指定右上角点 <420.0000,297.0000>: 42000,29700            //指定右上角坐标为 42000,29700
```

注意：本例中采用 1∶1 的比例绘图，而按三号图纸 1∶100 的比例出图，所以设置的绘图范围长 42000，宽 29700。对应的图框线和标题栏需放大 100 倍。

3. 显示全部作图区域

在命令行中输入 ZOOM 命令并回车，再输入 A 并回车，选择"全部(A)"选项，显示图形界限。

4. 修改图层

（1）单击【图层】面板中的图层特性按钮 ，弹出【图层特性管理器】对话框，单击新建图层按钮 ，新建 2 个图层：辅助线、剖面。

（2）设置颜色。单击"辅助线"层对应的颜色图标，设置该层颜色为红色；单击"剖面"层对应的颜色图标，设置该层颜色为白色。

（3）设置线型。将"辅助线"层的线型设置为"CENTER2"，"剖面"层的线型保留默认的"Continuous"实线型。

（4）单击【确定】按钮，返回到 AutoCAD 作图界面。

注意：本例在项目 3 所创建的样板"建筑图模板.dwt"的基础上增加 2 个图层，在绘图时可根据需要决定图层的数量及相应的颜色与线型。

5. 设置文字样式和标注样式

（1）本例使用"建筑图模板.dwt"中的文字样式，"汉字"样式采用"仿宋"字体，宽度比例设为 0.8；"数字"样式采用"Simplex.shx"字体，宽度比例设为 0.8，用于书写数字及特殊字符。

（2）单击【默认】选项卡【注释】面板中的【标注样式】命令按钮 ，弹出【标注样式管理器】对话框，选择"建筑"标注样式，然后单击【修改】按钮，弹出【修改标注样式：建筑】对话框，将【调整】选项卡中【标注特征比例】中的"使用全局比例"修改为 100，如图 5-3 所示。单击【确定】按钮，退出【修改标注样式：建筑】对话框，再单击【标注样式管理器】对话框中的【关闭】按钮，完成标注样式的设置。

6. 设置线型比例

单击菜单栏中的【格式】|【线型】命令，弹出【线型管理器】对话框。设置"详细信息"

选项区域中的"全局比例因子"为 100，如图 5-4 所示。

如果【线型管理器】对话框中没显示"详细信息"选项区域，如图 5-5 所示，可以单击该对话框中的【显示细节】按钮，显示"详细信息"选项区域，同时【显示细节】按钮将变成图 5-4 中的【隐藏细节】按钮。

注意：在扩大了图形界限的情况下，为使点划线能正常显示，需将全局比例因子按比例放大。也可以在命令行输入线型比例命令 LTS 并回车，将全局比例因子设置为 100。

7. 完成设置并保存文件

单击快速访问工具栏中的保存命令按钮，打开【图形另存为】对话框。输入文件名称"某办公楼 1-1 剖面图"，单击【图形另存为】对话框中的【保存】命令按钮保存文件。

至此，绘图环境的设置已基本完成，这些设置对于绘制一幅高质量的工程图纸而言非常重要。

任务 7.2 绘制轴线

1. 打开文件

打开任务 7.1 存盘的文件"某办公楼 1-1 剖面图.dwg"，将"轴线"层设置为当前层。打开极轴追踪功能，并将极轴增量角设置为 90 度。打开对象捕捉功能，设置对象捕捉方式为"端点""交点""象限点""圆心"捕捉方式。打开对象捕捉追踪和动态输入功能。

2. 绘制轴线

（1）绘制Ⓐ轴。单击【绘图】面板中的直线命令按钮，命令行提示如下：

```
命令: _line
指定第一个点:                    //在绘图区的左下角任意位置单击鼠标左键
指定下一点或 [放弃(U)]:10000
    //沿垂直向上方向输入 10000 并回车，轴线的长度暂定为 10000mm
指定下一点或 [放弃(U)]:            //按回车键，结束命令
```

（2）绘制Ⓑ、Ⓒ轴。单击【修改】面板中的偏移命令按钮，命令行提示如下：

```
命令: _offset
当前设置: 删除源=否  图层=源  OFFSETGAPTYPE=0
指定偏移距离或 [通过(T)/删除(E)/图层(L)] <通过>: 7840
                    //输入Ⓐ轴、Ⓑ轴之间的距离 7840 并回车
选择要偏移的对象，或 [退出(E)/放弃(U)] <退出>:    //选择Ⓐ轴
指定要偏移的那一侧上的点，或 [退出(E)/多个(M)/放弃(U)] <退出>:
                    //在Ⓐ轴的右侧单击鼠标左键以确定偏移的方向
选择要偏移的对象，或 [退出(E)/放弃(U)] <退出>:    //按回车键，结束命令
```

直接回车，输入上一次偏移复制命令，命令行提示如下：

```
命令:  OFFSET
当前设置: 删除源=否  图层=源  OFFSETGAPTYPE=0
指定偏移距离或 [通过(T)/删除(E)/图层(L)] <7840.0000>: 4200
                    //输入Ⓑ轴、Ⓒ轴之间的距离 4200 并回车
```

选择要偏移的对象，或 [退出(E)/放弃(U)] <退出>:　　　　//选择Ⓑ轴
指定要偏移的那一侧上的点，或 [退出(E)/多个(M)/放弃(U)] <退出>:
　　　　　　　　　　　　　　　　　　//在Ⓑ轴的右侧单击鼠标左键以确定偏移的方向
选择要偏移的对象，或 [退出(E)/放弃(U)] <退出>:　　　　//按回车键，结束命令

3. 标注轴号

（1）单击【特性】面板【线型】下拉列表右侧的下三角号，如图 5-9，从当前已有线型中选择"Continuous"实线线型为当前线型。设置对象捕捉方式为"端点""圆心""象限点""交点"捕捉方式。

（2）单击【绘图】面板中的圆命令按钮⊙，在绘图区的任一空白位置绘制一个半径为 400 的圆。

（3）单击【注释】面板中的【文字样式】按钮，设置当前文字样式为"数字"文字样式，如图 5-10。

在命令行中输入单行文字命令快捷键 DT，回车后命令行提示如下：

命令: DT
TEXT
当前文字样式: "数字" 文字高度: 300.0000 注释性: 否 对正: 左
指定文字的起点 或 [对正(J)/样式(S)]: j　　　　　　//选择"对正"选项
输入选项 [左(L)/居中(C)/右(R)/对齐(A)/中间(M)/布满(F)/左上(TL)/中上(TC)/右上(TR)/左中(ML)/正中(MC)/右中(MR)/左下(BL)/中下(BC)/右下(BR)]: mc
　　　　　　　　　　　　　　　　　　//选择"正中"对齐方式
指定文字的中间点:　　　　　　　　　//捕捉圆的圆心
指定高度 <300.0000>: 500　　　　　　//文字高度为 500
指定文字的旋转角度 <0>:　　　　　　//按回车键

进入输入文字状态，输入文字"A"，按回车键，转入下一行，再一次按回车键，结束命令，如图 7-2 所示。

图 7-2　绘制轴标号

（4）单击【修改】面板中的移动命令按钮✦，运用"象限点"捕捉和"端点"捕捉，将轴号Ⓐ移动到如图 7-3 所示的位置。

命令:move
选择对象: 指定对角点: 找到 2 个　　　　//选择图 7-2 中的轴标号
选择对象:　　　　　　　　　　　　　　//回车
指定基点或 [位移(D)] <位移>:　　　　　//捕捉圆上端象限点（图 7-4）
指定第二个点或 <使用第一个点作为位移>:　//捕捉①轴线下端端点

结果如图 7-3 所示。

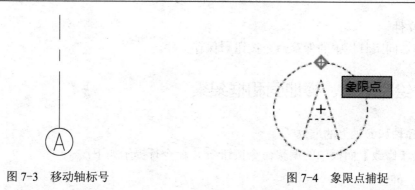

图 7-3　移动轴标号　　　　　　　　图 7-4　象限点捕捉

（5）单击【修改】面板中的复制命令按钮，运用多重复制命令复制轴号Ⓐ，如图 7-5 所示。

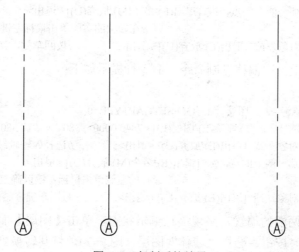

图 7-5　复制后的结果

（6）在命令行中输入文字编辑命令 ED 并回车，选择需要修改的轴号，将其修改成正确的轴编号。结果如图 7-6 所示。

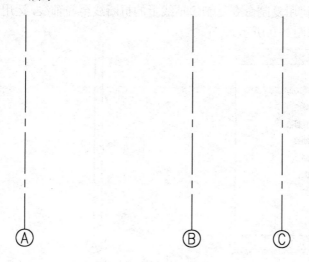

图 7-6　修改后的结果

4. 保存文件

单击快速访问工具栏中的保存命令按钮 保存文件。

任务 7.3 绘制墙体、楼地面和框架梁

1. 绘制Ⓐ轴和Ⓑ轴上的墙体

（1）单击【修改】面板中的偏移命令按钮，命令行提示如下：

```
命令: _offset
当前设置: 删除源=否   图层=源   OFFSETGAPTYPE=0
指定偏移距离或 [通过(T)/删除(E)/图层(L)] <通过>: 40       //输入40并回车
选择要偏移的对象，或 [退出(E)/放弃(U)]<退出>:    //选择Ⓐ轴轴线
指定要偏移的那一侧上的点，或 [退出(E)/多个(M)/放弃(U)] <退出>:
                                           //在Ⓐ轴的右侧单击鼠标左键以确定偏移的方向
选择要偏移的对象，或 [退出(E)/放弃(U)]<退出>:    //按回车键，结束命令
```

直接回车，输入上一次偏移复制命令，命令行提示如下：

```
命令: OFFSET
当前设置: 删除源=否   图层=源   OFFSETGAPTYPE=0
指定偏移距离或 [通过(T)/删除(E)/图层(L)] <7840.0000>: 380    //输380并回车
选择要偏移的对象，或 [退出(E)/放弃(U)]<退出>:    //选择Ⓐ轴轴线
指定要偏移的那一侧上的点，或 [退出(E)/多个(M)/放弃(U)] <退出>:
                                           //Ⓐ轴的左侧单击鼠标左键以确定偏移的方向
选择要偏移的对象，或 [退出(E)/放弃(U)]<退出>:    //按回车键，结束命令
```

（2）选中Ⓐ轴线两端的墙线，呈现夹点编辑状态。单击【图层】面板中【图层】下拉列表 按钮，选择"墙体"图层（图7-7），将其转换到"墙体"图层。

（3）运用直线命令在墙体下端绘制折断线，并运用修剪命令对多余墙体进行修剪，如图7-8所示。

（4）同样，运用偏移复制命令将Ⓑ轴线向左偏移40，向右偏移380，将偏移复制出的墙线转换至墙体图层。运用复制命令复制Ⓐ轴线上的折断线至Ⓑ轴线，运用修剪命令修剪掉Ⓑ轴线上多余的墙线，如图7-9所示。

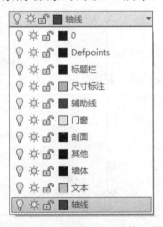

图7-7　将选中对象转换到"墙体"图层

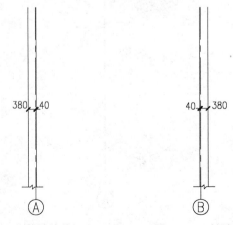

图7-8　Ⓐ轴墙体　　　　图7-9　Ⓑ轴墙体

2．绘制地面

（1）将"剖面"图层置为当前。

（2）运用直线命令沿Ⓐ轴和Ⓑ轴墙体内侧合适位置绘制地面面层线。

（3）运用偏移复制命令向下复制地面面层线，偏移距离为 30、100，如图 7-10 所示。

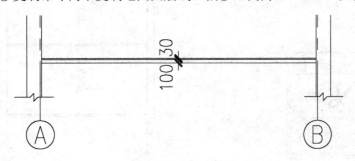

图 7-10　绘制地面

3．复制楼面

（1）单击【修改】面板中的复制命令按钮 ，向上复制楼面，复制距离分别为：3900、7200、10500，命令行提示如下：

```
命令: _copy
选择对象: 指定对角点: 找到 3 个              //选择地面面层和结构层三条线
选择对象:                                    //回车
当前设置:  复制模式 = 多个
指定基点或 [位移(D)/模式(O)] <位移>:         //任意位置单击左键
指定第二个点或 [阵列(A)] <使用第一个点作为位移>: 3900   //沿垂直向上方向输入 3900 并回车
指定第二个点或 [阵列(A)/退出(E)/放弃(U)] <退出>: 7200    //沿垂直向上方向输入 7200 并回车
指定第二个点或 [阵列(A)/退出(E)/放弃(U)] <退出>: 10500   //沿垂直向上方向输入 10500 并回车
指定第二个点或 [阵列(A)/退出(E)/放弃(U)] <退出>:         //回车，结束命令
```

（2）删除屋顶面层线，并将屋顶结构层线向上移动 30。

注意：由于屋顶标高为结构层标高，因此没有面层线，需将其删除，结构层线向上移动 30。

（3）单击【修改】面板中修剪按钮 修剪 右侧的三角号 ，如图 7-11 所示，选择延伸命令，向上延伸Ⓐ轴和Ⓑ轴上的墙体，命令行提示如下：

```
命令: _extend
当前设置:投影=UCS, 边=延伸
选择边界的边...
选择对象或 <全部选择>: 找到 1 个              //选择顶层最上面线
选择对象:                                    //回车
选择要延伸的对象，或按住 Shift 键选择要修剪的对象，或
[栏选(F)/窗交(C)/投影(P)/边(E)/放弃(U)]: 指定对角点:     //选择Ⓐ轴和Ⓑ轴上端墙线
选择要延伸的对象，或按住 Shift 键选择要修剪的对象，或
[栏选(F)/窗交(C)/投影(P)/边(E)/放弃(U)]:                //回车
```

结果如图 7-12 所示。

图 7-11　选择延伸命令

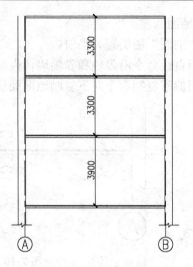

图 7-12　绘制楼面

4．绘制二、三层隔墙

（1）绘制附加轴线。将"轴线"图层置为当前。运用【修改】面板中的偏移复制命令，将Ⓑ轴线向左偏移复制，距离为 2100；运用修剪命令将一层附加轴线删除。

（2）将"墙体"图层置为当前。运用直线命令在附加轴线的两侧绘制墙体，墙体的厚度为 180，附加轴线居中布置。如图 7-13 所示。

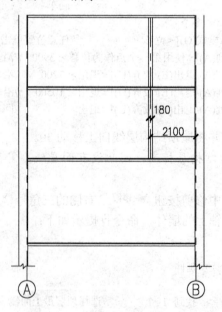

图 7-13　绘制附加轴线及墙体

5．绘制框架梁

将"剖面"图层置为当前。按照图 7-14 框架梁尺寸绘制框架梁，并运用图案填充命令对框架梁、地面、楼面填充"SOLID"图案，结果如图 7-15 所示。

项目 7 绘制建筑剖面图

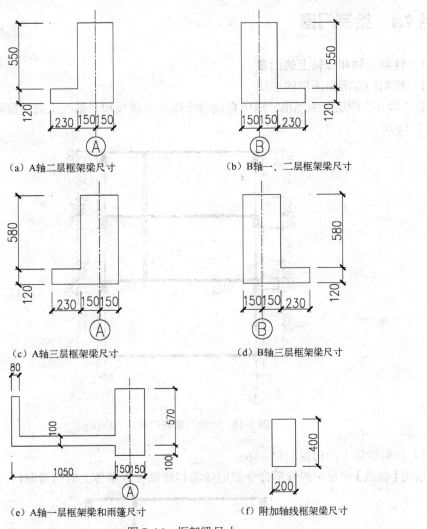

(a) A轴二层框架梁尺寸　　(b) B轴一、二层框架梁尺寸

(c) A轴三层框架梁尺寸　　(d) B轴三层框架梁尺寸

(e) A轴一层框架梁和雨篷尺寸　　(f) 附加轴线框架梁尺寸

图 7-14　框架梁尺寸

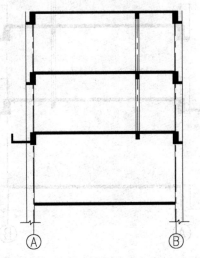

图 7-15　框架梁绘制结果

任务 7.4 绘制门窗

1. 绘制Ⓐ轴和Ⓑ轴上的门窗

1)绘制门窗洞口两端的墙线

将"墙体"图层置为当前。运用直线命令绘制Ⓐ轴线和Ⓑ轴线上的门窗洞口两端的墙线,如图 7-16 所示。

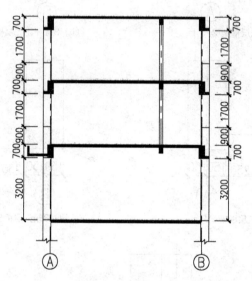

图 7-16 绘制门窗洞口两端的墙线

2)修剪墙体上的门窗洞口

运用【修改】面板中的修剪命令修剪Ⓐ轴和Ⓑ轴位置墙体上的门窗洞口,如图 7-17 所示。

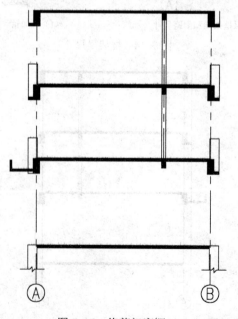

图 7-17 修剪门窗洞口

3）绘制Ⓐ轴和Ⓑ轴位置墙体上的门窗

（1）将"门窗"图层置为当前。运用直线命令和偏移复制命令绘制Ⓐ轴一层的门和二层的窗。如图 7-18 所示。

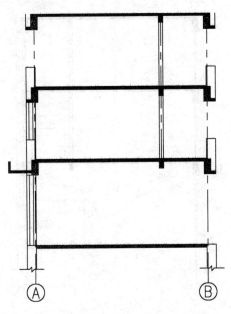

图 7-18　绘制Ⓐ轴一层门和二层窗

（2）由于Ⓐ轴上二层和三层窗尺寸相同，因此运用复制命令将二层窗复制到三层。

（3）由于Ⓐ轴和Ⓑ轴上各层门窗尺寸相同，因此运用复制命令复制高度相同的门和窗，如图 7-19 所示。

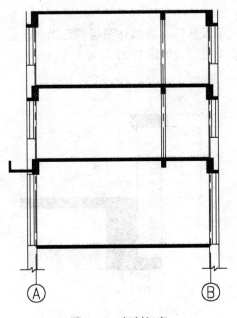

图 7-19　复制门窗

2. 绘制投影方向看到的门

运用直线命令绘制一层和二层投影方向看到的门 M-3，其尺寸是 1500×2100，如图 7-20 所示。

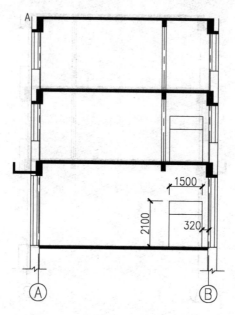

图 7-20 绘制投影方向看到的门

任务 7.5 绘制屋顶结构

1. 绘制女儿墙

（1）绘制Ⓐ轴顶部女儿墙及压顶。将墙体图层置为当前。运用直线命令、矩形命令和填充命令绘制Ⓐ轴顶部女儿墙及压顶，如图 7-21 所示。

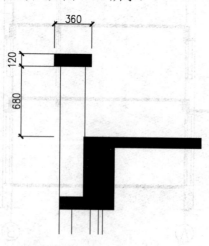

图 7-21 Ⓐ轴顶部女儿墙及压顶

（2）镜像 Ⓑ 轴顶部女儿墙及压顶。运用镜像命令复制 Ⓐ 轴顶部女儿墙及压顶至 Ⓑ 轴顶部，并用细实线绘制从投影方向看到的女儿墙。如图 7-22 所示。

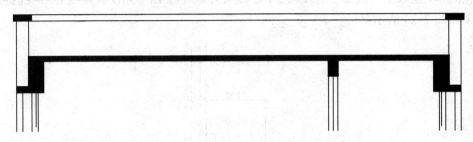

图 7-22　镜像 B 轴顶部女儿墙及压顶并绘制压顶投影线

2．绘制保温层、找坡层及泛水

用细实线绘制保温层、找坡层及泛水。涉及的命令有直线命令、多段线命令、镜像命令等。如图 7-23 所示。

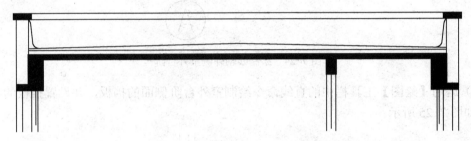

图 7-23　绘制保温层、找坡层及泛水

任务 7.6　绘制室外台阶、雨篷

1．绘制 Ⓐ 轴外侧室外台阶

（1）运用直线命令绘制 Ⓐ 轴外侧的室外台阶，结果如图 7-24 所示。

将"其他"图层置为当前。线宽设置为 0.5 mm。单击【绘图】工具栏中的直线命令按钮 ╱，命令行提示如下：

```
命令:_line
指定第一个点:                            //捕捉 D 点（图 7-24）
指定下一点或 [放弃(U)]: 1200             //沿水平向左极轴方向输入 1200 并回车
指定下一点或 [放弃(U)]: 150              //沿垂直向下极轴方向输入 150 并回车
指定下一点或 [闭合(C)/放弃(U)]: 300      //沿水平向左极轴方向输入 300 并回车
指定下一点或 [闭合(C)/放弃(U)]: 150      //沿垂直向下极轴方向输入 150 并回车
指定下一点或 [闭合(C)/放弃(U)]: 300      //沿水平向左极轴方向输入 300 并回车
指定下一点或 [闭合(C)/放弃(U)]: 150      //沿垂直向下极轴方向输入 150 并回车
指定下一点或 [闭合(C)/放弃(U)]: 300      //沿水平向左极轴方向输入 300 并回车
指定下一点或 [闭合(C)/放弃(U)]: 150      //沿垂直向下极轴方向输入 150 并回车
指定下一点或 [闭合(C)/放弃(U)]: 300      //沿水平向左极轴方向输入 300 并回车
指定下一点或 [闭合(C)/放弃(U)]: 150      //沿垂直向下极轴方向输入 150 并回车
```

指定下一点或 [闭合(C)/放弃(U)]:　　　　　　//回车，结束命令

直接回车，输入上一次命令直线命令，绘制室外地坪线 EF，并设置直线 EF 的线宽为 0.8。绘图结果如图 7-24 所示。

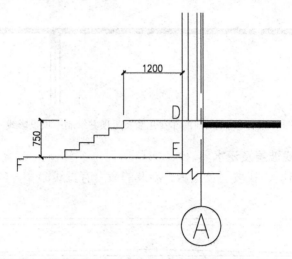

图 7-24　绘制Ⓐ轴外侧室外台阶

（2）运用【绘图】工具栏中的直线命令绘制室外台阶侧面的挡板，并设置挡板的线宽为 0.25，如图 7-25 所示。

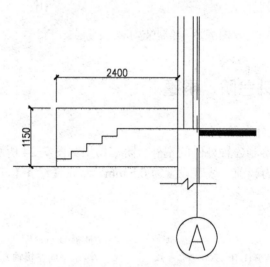

图 7-25　绘制室外台阶侧面挡板

2．绘制Ⓑ轴外侧室外门和台阶

（1）运用直线命令绘制Ⓑ轴外侧室外台阶。将"其他"图层置为当前。线宽设置为 0.5 mm。单击【绘图】工具栏中的直线命令按钮，命令行提示如下：

　　命令:_line
　　指定第一个点:　　　　　　　　　　　//捕捉 F 点（图 7-26）
　　指定下一点或 [放弃(U)]:　　　　　　//沿水平向右方向取交点 G（图 7-26）

指定下一点或 [放弃(U)]: 1750	//沿水平向右极轴方向输入 1750 并回车
指定下一点或 [闭合(C)/放弃(U)]: 150	//沿垂直向下极轴方向输入 150 并回车
指定下一点或 [闭合(C)/放弃(U)]: 300	//沿水平向右极轴方向输入 300 并回车
指定下一点或 [闭合(C)/放弃(U)]: 150	//沿垂直向下极轴方向输入 150 并回车
指定下一点或 [闭合(C)/放弃(U)]: 300	//沿水平向右极轴方向输入 300 并回车
指定下一点或 [闭合(C)/放弃(U)]: 150	//沿垂直向下极轴方向输入 150 并回车
指定下一点或 [闭合(C)/放弃(U)]: 300	//沿水平向右极轴方向输入 300 并回车
指定下一点或 [闭合(C)/放弃(U)]: 150	//沿垂直向下极轴方向输入 150 并回车
指定下一点或 [闭合(C)/放弃(U)]: 300	//沿水平向右极轴方向输入 300 并回车
指定下一点或 [闭合(C)/放弃(U)]: 150	//沿垂直向下极轴方向输入 150 并回车
指定下一点或 [闭合(C)/放弃(U)]:	//回车

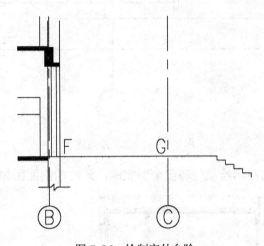

图 7-26 绘制室外台阶

（2）绘制室外地坪线。直接回车，输入上一次命令直线命令，绘制室外地坪线 HI，并设置直线 HI 的线宽为 0.8。绘图结果如图 7-27 所示。

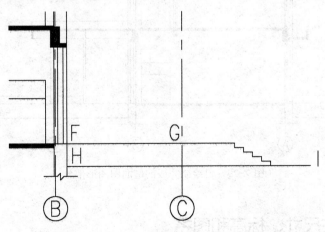

图 7-27 绘制室外地坪线

（3）绘制雨篷。运用直线命令、填充命令等绘制雨篷、室外柱子、台阶两侧挡板，如图 7-28 所示。

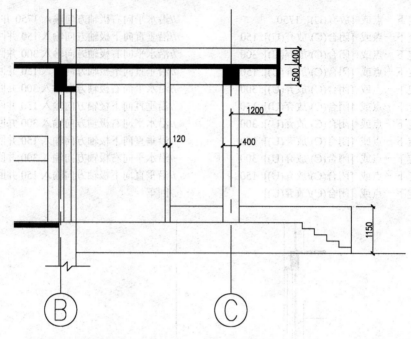

图 7-28　绘制室外雨篷

到此为止,剖面图的图形绘制任务已全部完成,此时的剖面图如图 7-29 所示。

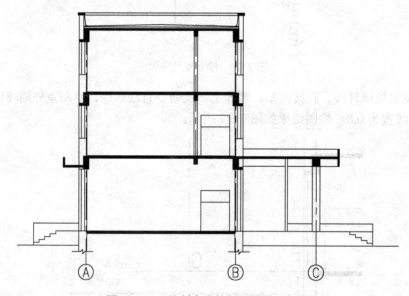

图 7-29　已绘制完成的剖面图图形部分

任务 7.7　标注尺寸、标高和图名

1. 标注剖面图尺寸

在剖面图中,应该标出被剖切部分的必要尺寸,包括竖直方向剖切部位的尺寸和标高。

外墙需要标注门窗洞口的高度尺寸及相应位置的标高。

将"尺寸标注"图层置为当前,"建筑"标注样式置为当前。运用线性标注命令和连续标注命令标注尺寸,如图 7-30 所示。

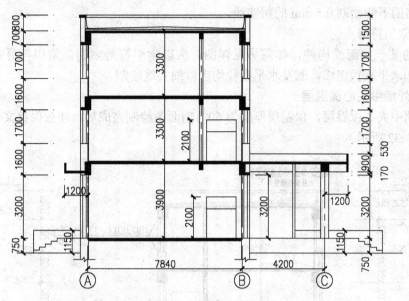

图 7-30 标注剖面图尺寸

2. 标注剖面图标高

根据《房屋建筑制图统一标准》,标高符号的尺寸如图 6-27 所示。绘图时,标高符号的垂直高度应乘以出图比例,比如以 1∶100 的比例绘制建筑剖面图,标高符号的高度应为 300,如图 6-28 所示。

运用直线命令和单行文字命令先绘制一个标高符号,再复制并修改其他的标高符号,方法同立面图,在此不再赘述。结果如图 7-31 所示。

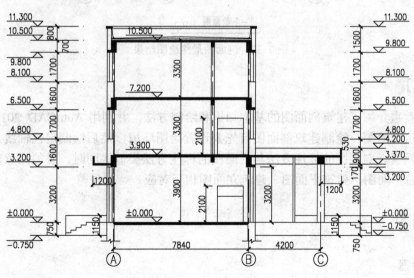

图 7-31 标注剖面图标高

3. 标注剖面图图名

将"文本"图层置为当前,运用单行文字命令在剖面图的下侧标注图名"1-1 剖面图",字高为 500,标注比例"1∶100",字高为 350,文字样式均为"数字"文字样式。再运用直线命令在图名的下侧绘制 0.5 mm 的粗实线。

4. 绘制索引符号

图样中的某一局部或构件,如需另见详图,应以索引符号索引。索引符号是由直径是 10 mm 的圆和水平直径组成,圆及水平直径均应以细实线绘制。

5. 绘制外墙中夹心保温层

绘制外墙中夹心保温层,保温层厚度为 60。剖面图绘制完成后,注意保存文件。最终绘图结果如图 7-32 所示。

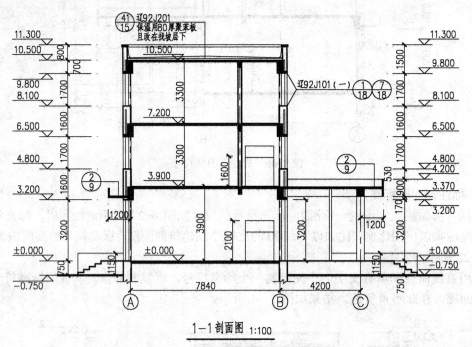

图 7-32　剖面图最终绘图结果

【项目小结】

本项目着重介绍了建筑剖面图的基本知识和绘制方法,并利用 AutoCAD 2019 绘制了一幅完整的建筑剖面图。绘制建筑剖面图首先要设置绘图环境,然后绘制定位轴线,再分别绘制各种图形元素。剖面图的标注方法与立面图的标注方法类似。同时,必须注意建筑剖面图必须和建筑总平面图、建筑平面图、建筑立面图相互对应。

思考与练习

1. 思考题

(1) 利用 AutoCAD 2019 绘制建筑剖面图的基本步骤是什么?

(2) 建筑剖面图中的轴线起什么作用？
(3) 建筑剖面图中的标高都需标注在什么位置？
(4) 在画剖面图时，线型为虚线和点划线的图形对象，显示为实线线型该如何解决？
(5) 在绘制建筑剖面图时，对象线宽是如何规定的？

2．绘图题

绘制如图 7-33 所示的办公楼 2-2 剖面图。

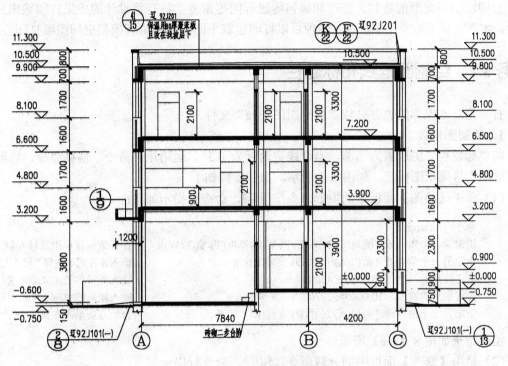

图 7-33 办公楼 2-2 剖面图

项目 8　打印输出实例

打印输出与图形的绘制、修改和编辑等过程同等重要，只有将设计的成果打印输出到图纸上，才算完成了整个绘图过程。本项目以打印建筑平面图为例讲解模型空间图纸打印方法。

任务 8.1　绘制图框线和标题栏

打开项目 5 保存的"办公楼二层平面图.dwg"文件。

1. 绘制图框线

将"标题栏"图层置为当前，当前线宽设置为 0.35。运用矩形命令、偏移命令、修剪命令等绘制 3 号图纸图幅线，如图 8-1 所示。操作步骤如下。

（1）单击【绘图】面板中的矩形命令按钮▭，命令行提示如下：

```
命令: _rectang
指定第一个角点或 [倒角(C)/标高(E)/圆角(F)/厚度(T)/宽度(W)]:        //在任意位置单击鼠标左键
指定另一个角点或 [面积(A)/尺寸(D)/旋转(R)]: d                      //输入 d 并回车选择"尺寸"选项
指定矩形的长度 <10.0000>: 42000                                   //输入矩形的长度 42000 并回车
指定矩形的宽度 <10.0000>: 29700                                   //输入矩形的宽度 29700 并回车
指定另一个角点或 [面积(A)/尺寸(D)/旋转(R)]:                        //合适方向单击左键
```

绘图结果如图 8-1（a）所示。

（2）单击【修改】面板中的分解命令按钮▱，命令行提示如下：

```
命令: _explode
选择对象: 指定对角点: 找到 1 个                                    //选择刚刚绘制的矩形
选择对象:                                                         //回车，结束命令
```

（3）单击【修改】面板中的偏移命令按钮⊂，命令行提示如下：

```
命令: _offset
当前设置: 删除源=否　图层=源　OFFSETGAPTYPE=0
指定偏移距离或 [通过(T)/删除(E)/图层(L)] <通过>: 2500              //输入偏移距离 2500 并回车
选择要偏移的对象，或 [退出(E)/放弃(U)] <退出>:                     //选择直线 AB
指定要偏移的那一侧上的点，或 [退出(E)/多个(M)/放弃(U)] <退出>:     //在矩形内部单击左键
选择要偏移的对象，或 [退出(E)/放弃(U)] <退出>:                     //回车
```

直接回车，输入上一次偏移命令，命令行提示如下：

```
命令:  OFFSET
当前设置: 删除源=否　图层=源　OFFSETGAPTYPE=0
指定偏移距离或 [通过(T)/删除(E)/图层(L)] <2500.0000>: 500          //输入偏移距离 500 并回车
```

选择要偏移的对象，或 [退出(E)/放弃(U)] <退出>:   //选择直线 BC
指定要偏移的那一侧上的点，或 [退出(E)/多个(M)/放弃(U)] <退出>:   //在矩形内部单击左键
选择要偏移的对象，或 [退出(E)/放弃(U)] <退出>:   //选择直线 CD
指定要偏移的那一侧上的点，或 [退出(E)/多个(M)/放弃(U)] <退出>:   //在矩形内部单击左键
选择要偏移的对象，或 [退出(E)/放弃(U)] <退出>:   //选择直线 DA
指定要偏移的那一侧上的点，或 [退出(E)/多个(M)/放弃(U)] <退出>:   //在矩形内部单击左键
选择要偏移的对象，或 [退出(E)/放弃(U)] <退出>:   //回车

绘图结果如图 8-1（b）所示。

（4）单击【修改】面板中的修剪命令按钮 ✂ 修剪 ▼，命令行提示如下：

命令:_trim
当前设置:投影=UCS，边=无
选择剪切边……
选择对象或 <全部选择>:   //回车
选择要修剪的对象，或按住 Shift 键选择要延伸的对象，或
[栏选(F)/窗交(C)/投影(P)/边(E)/删除(R)/放弃(U)]:   //选择要修剪的线段
选择要修剪的对象，或按住 Shift 键选择要延伸的对象，或
[栏选(F)/窗交(C)/投影(P)/边(E)/删除(R)/放弃(U)]:   //选择要修剪的线段
……   //依次选择要修剪的线段
选择要修剪的对象，或按住 Shift 键选择要延伸的对象，或
[栏选(F)/窗交(C)/投影(P)/边(E)/删除(R)/放弃(U)]:   //回车，结束命令

绘图结果如图 8-1（c）所示。将内部的矩形线宽修改成 1.0 mm。

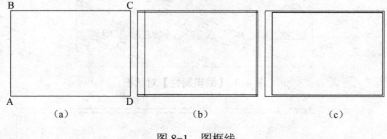

图 8-1　图框线

2．插入标题栏

单击【绘图】面板中插入块命令按钮 下侧的下三角号，选择"更多选项"，弹出【插入】对话框，在【名称】下拉列表中选择块"标题栏"，【比例】选项区域勾选"统一比例"复选框，并输入比例值为 100；【插入点】选项区域勾选"在屏幕上指定"复选框，【旋转】角度设为 0，如图 8-2 所示。单击【确定】按钮。命令行提示如下：

命令:_insert
指定插入点或 [基点(B)/比例(S)/旋转(R)]:

在 E 点（图 8-4）单击鼠标左键，将 E 点作为插入点，此时弹出【编辑属性】对话框，依次设置各个属性值，如图 8-3 所示。单击【确定】按钮，绘制好的标题栏如图 8-4 所示。

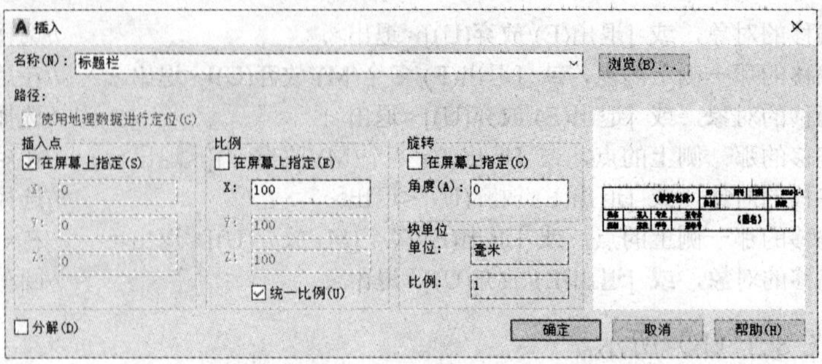

图 8-2 【插入】对话框

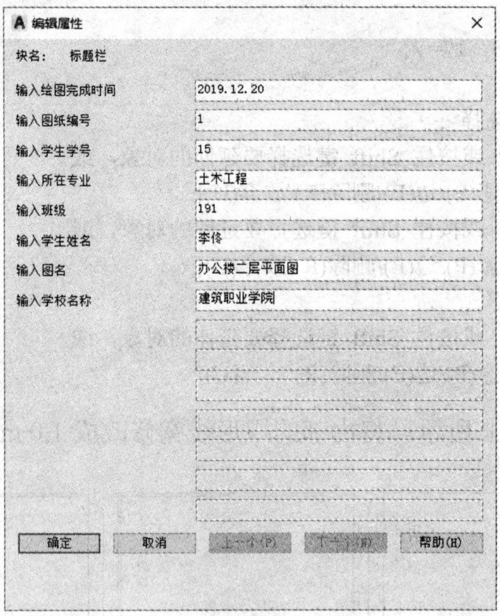

图 8-3 【编辑属性】对话框

图 8-4 插入标题栏

3. 调整平面图位置

运用移动命令将办公楼二层平面图移到图框线内，如图 8-5 所示。

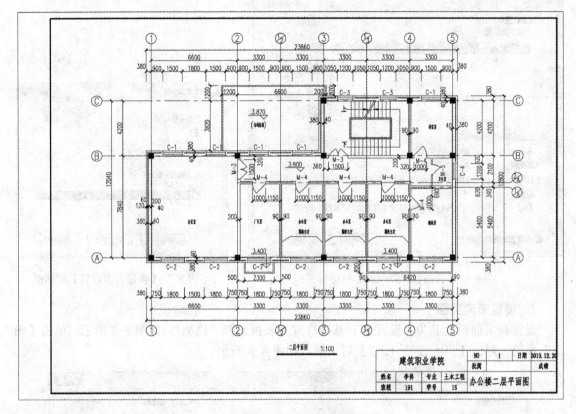

图 8-5　移入二层平面图

4. 保存文件

单击快速访问工具栏中的【保存】命令按钮保存文件。

任务 8.2　打印二层平面图

在打印输出之前，首先需要配置好图形输出设备。目前，图形输出设备很多，常见的有打印机和绘图仪两种，但目前打印机和绘图仪都趋向于激光和喷墨输出，已经没有明显的区别，因此，在 AutoCAD 2019 中，将图形输出设备统称为绘图仪。一般情况下，使用系统默认的绘图仪即可打印出图。如果系统默认的绘图仪不能满足用户需要，可以添加新的绘图仪。

下面讲述在模型空间打印建筑平面图的方法。具体操作步骤如下。

1. 打开文件

打开前面保存的"办公楼二层平面图.dwg"为当前图形文件。

2. 新建页面

单击菜单栏中的【文件】|【页面设置管理器】，弹出【页面设置管理器】对话框，如图 8-6 所示。单击【新建】按钮，弹出【新建页面设置】对话框，如图 8-7 所示。

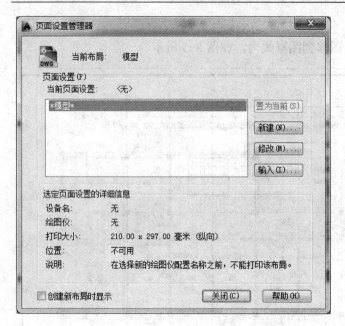
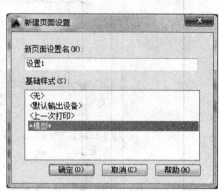

图 8-6 【页面设置管理器】对话框　　　　　图 8-7 【新建页面设置】对话框

3. 设置新建页面

设置新页面设置名为"设置1",基础样式列表框选择"模型",如图 8-7 所示,单击【确定】按钮,弹出【页面设置-模型】对话框,如图 8-8 所示。

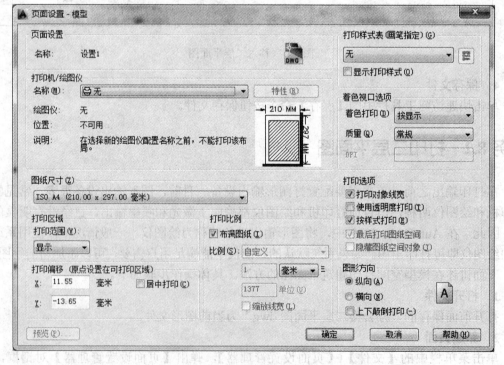

图 8-8 【页面设置-模型】对话框

4. 设置当前绘图仪

在【页面设置-模型】对话框中的【打印机/绘图仪】选项区域中的【名称】下拉列表框中选择系统所使用的绘图仪类型，本例中选择"DWF6 ePlot.pc3"型号的绘图仪作为当前绘图仪。

1）修改图纸的可打印区域

（1）单击【名称】下拉列表框中"DWF6 ePlot.pc3"绘图仪右面的【特性】按钮，在弹出的【绘图仪配置编辑器-DWF6 ePlot.pc3】对话框中激活【设备和文档设置】目录下的【修改标准图纸尺寸（可打印区域）】选项（图8-9），打开如图8-10所示的【修改标准图纸尺寸】选项区域。

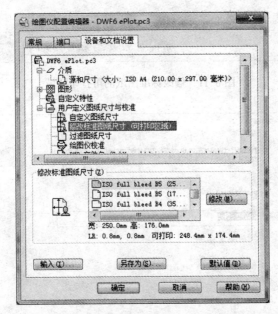

图8-9 【绘图仪配置编辑器-DWF6 ePlot.pc3】对话框

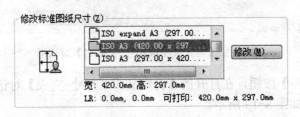

图8-10 【修改标准图纸尺寸】选项区域

（2）在【修改标准图纸尺寸】选项区域内单击微调按钮，选择"ISO A3（420×297）"图表框，如图8-10所示。

（3）单击此选项区域右侧的【修改】按钮，在打开的【自定义图纸尺寸-可打印区域】对话框中，将"上""下""左""右"的数字设为"0"，如图8-11所示。

（4）单击【下一步】按钮，在打开的【自定义图纸尺寸-文件名】对话框中，将文件名命名为"DWF6 ePlot"，如图8-12所示。

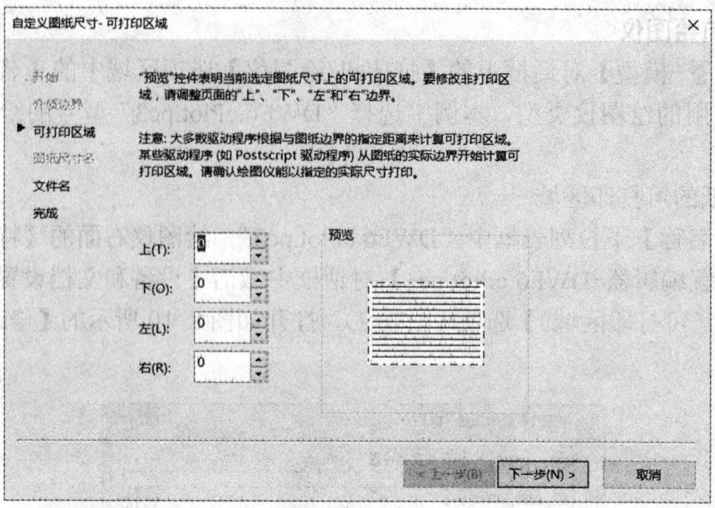

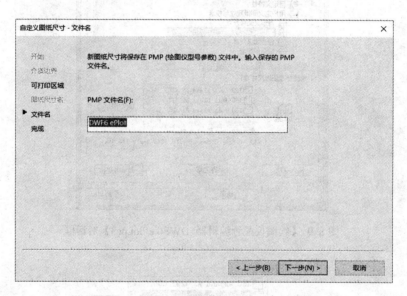

图 8-11 修改标准图纸的可打印区域

图 8-12 【自定义图纸尺寸-文件名】对话框

（5）单击【下一步】按钮，在打开的【自定义图纸尺寸-完成】对话框中，列出了修改后的标准图纸的尺寸，如图 8-13 所示。

（6）单击【自定义图纸尺寸-完成】对话框中的【完成】按钮，系统返回到【绘图仪配置编辑器-DWF6 ePlot.pc3】对话框。

（7）单击对话框中的【另存为】按钮，在弹出的【另存为】对话框中，将修改后的绘图仪另名保存为"DWF6 ePlot-（A3-H）"。

（8）单击【绘图仪配置编辑器-DWF6 ePlot.pc3】对话框中的【确定】按钮，返回到【页面设置-模型】对话框。

（9）在【图纸尺寸】选项区域中的"图纸尺寸"下拉列表框内选择"ISO A3（420.00*297.00 毫米）"图纸尺寸，如图 8-14 所示。

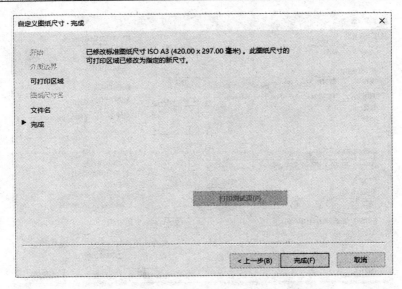

图8-13 【自定义图纸尺寸-完成】对话框

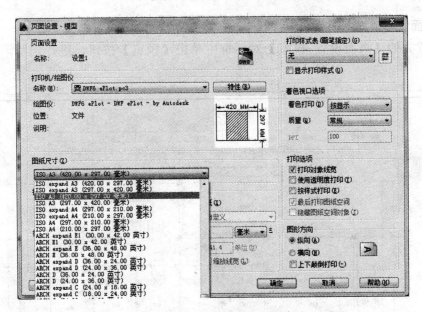

图8-14 选择"ISO A3（420.00*297.00 毫米）"图纸

2）其他页面设置

在【页面设置-模型】对话框中进行其他方面的页面设置，如图8-15所示。

（1）在【打印比例】选项区域内勾选【布满图纸】复选框。

（2）在【图形方向】选项区域内勾选【横向】复选框。

（3）在【打印样式表（画笔指定）】选项区域内选择"monochrome.ctb"样式表。

（4）在【打印偏移（原点设置在可打印区域）】选项区域勾选"居中打印"复选框。

（5）在【打印范围】下拉列表框中选择"窗口"选项，单击右侧的【窗口】按钮，在绘图区域指定图框线的左上角和右下角为窗口范围。

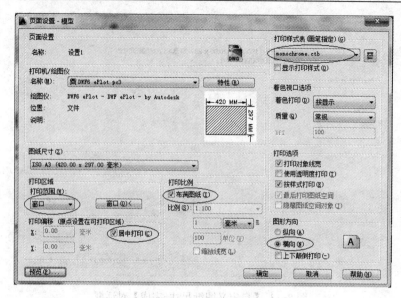

图 8-15 页面设置其他选项

5. 页面设置预览

在设置完的【页面设置-模型】对话框中单击【预览】按钮,进行预览,如图 8-16 所示。

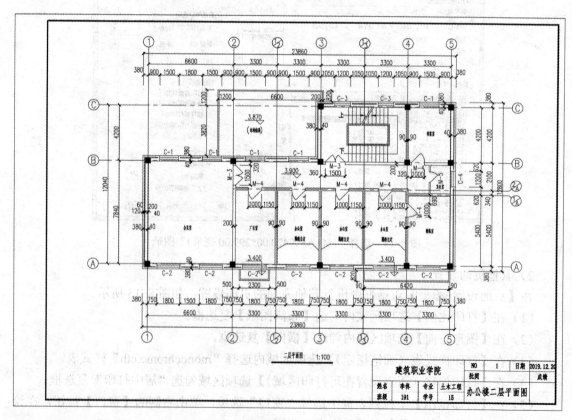

图 8-16 预览效果

6．退出页面设置

单击鼠标右键，选择"退出"选项，回到【页面设置-模型】对话框，单击【确定】按钮，回到【页面设置管理器】对话框，单击【置为当前】按钮和关闭按钮 ，退出【页面设置管理器】对话框。

7．打印

（1）单击快速访问工具栏中的打印命令按钮 ，弹出【打印-模型】对话框，如图 8-17 所示。

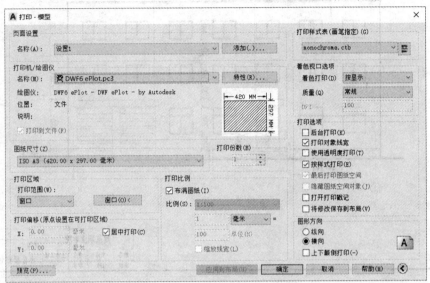

图 8-17 【打印-模型】对话框

（2）单击【预览】按钮，进行预览，如图 8-16 所示。

（3）如对预览结果满意，就可以单击预览状态下工具栏中的打印图标 进行打印输出。

【项目小结】

本项目以建筑平面图的打印输出为例，详细讲解了在模型空间打印图形的方法。打印时应先设置好页面设置中各选项，再进行打印。

思考与练习

1．思考题

（1）打印 AutoCAD 图的步骤有哪些？

（2）如何设置【页面设置管理器】对话框？

（3）打印范围除了通过"窗口"的方法设置外，还有哪些方法？

（4）图形方向为"横向"和"纵向"有何区别？

2．操作题

打开项目 6 绘制的立面图，为其添加 A3 图框线和标题栏。再调整【页面设置管理器】

相关参数，打印预览效果如图8-18所示。

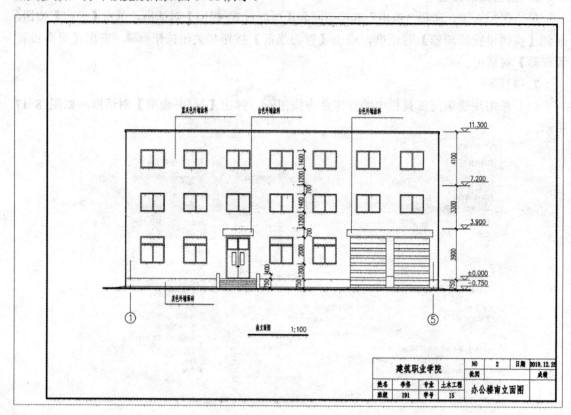

图8-18 南立面图打印预览效果

参 考 文 献

[1] 孙玉红. 建筑装饰制图与识图. 北京：机械工业出版社，2008.
[2] 王芳. AutoCAD 2010 室内装饰设计实例教程. 北京：北京交通大学出版社，2010.
[3] 张宪立. AutoCAD 2012 建筑设计实例教程. 北京：人民邮电出版社，2012.
[4] 王芳，李井永. AutoCAD 2010 建筑制图实例教程. 北京：北京交通大学出版社，2010.
[5] 高志清. AutoCAD 建筑设计上机培训. 北京：人民邮电出版社，2003.
[6] 谢世源. AutoCAD 2009 建筑设计综合应用宝典. 北京：机械工业出版社，2008.
[7] 雷军. 中文版 AutoCAD 2006 建筑图形设计. 北京：清华大学出版社，2005.
[8] 王立新. AutoCAD 2009 中文版标准教程. 北京：清华大学出版社，2008.
[9] 王静，马文娟. AutoCAD 2008 建筑装饰设计制图实例教程. 北京：中国水利水电出版社，2008.
[10] 林彦，史向荣，李波. AutoCAD 2009 建筑与室内装饰设计实例精解. 北京：机械工业出版社，2009.
[11] 李燕. 建筑装饰制图与识图. 北京：机械工业出版社，2009.
[12] 沈百禄. 建筑装饰装修工程制图与识图. 北京：机械工业出版社，2010.
[13] 高志清. AutoCAD 建筑设计培训教程. 北京：中国水利水电出版社，2004.
[14] 胡仁喜. AutoCAD 2006 中文版室内装潢设计. 北京：中国建筑工业出版社，2005.
[15] 阵志民. AutoCAD 2006 室内装潢设计实例教程. 北京：机械工业出版社，2006.